装饰装修工程造价
技巧与实例详解

工程造价员网

U0231071

化学工业出版社
·北京·

本书主要讲解装饰装修工程造价基本知识，识图基本知识与技巧，分部、分项工程实例详解。基本知识主要聚焦经典知识点，实例详解都是作者精挑细选的典型实例，针对装饰装修工程的不同小专业在层次划分上做到全面、具体；结合读者需求，按照二级目录划分来逐步讲解，力求做到精益求精，为读者提供真实、有用的一手资料。

本书可作为装饰装修工程、工程造价、工程管理、工程经济等相关专业人员用书，也可供结构设计人员、施工技术人员、工程监理人员、工程造价预算人员等参考使用，同时也可以作为高等院校的教学用书。

图书在版编目（CIP）数据

装饰装修工程造价技巧与实例详解/工程造价员网，张国栋主编. —北京：化学工业出版社，2017.10（2023.4重印）
ISBN 978-7-122-30535-0

Ⅰ.①装… Ⅱ.①工… ②张… Ⅲ.①建筑装饰-工程造价 Ⅳ.①TU723.3

中国版本图书馆 CIP 数据核字（2017）第 211818 号

责任编辑：彭明兰 　　　　　　　　　　文字编辑：汲永臻
责任校对：宋　玮 　　　　　　　　　　装帧设计：王晓宇

出版发行：化学工业出版社（北京市东城区青年湖南街13号　邮政编码100011）
印　　装：天津盛通数码科技有限公司
787mm×1092mm　1/16　印张11¾　字数300千字　2023年4月北京第1版第8次印刷

购书咨询：010-64518888 　　　　　　售后服务：010-64518899
网　　址：http://www.cip.com.cn
凡购买本书，如有缺损质量问题，本社销售中心负责调换。

定　　价：45.00元 　　　　　　　　　　　　　　版权所有　违者必究

装饰装修工程造价技巧与实例详解主要依据《建设工程工程量清单计价规范》(GB 50500—2013)、《房屋建筑与装饰工程工程量计算规范》(GB 50854—2013)编写,在丰富基本知识的前提下帮助造价工作者提高实际操作水平。

本书主要讲解装饰装修工程造价基本知识,识图基本知识与技巧,分部、分项工程实例详解。 基本知识主要聚焦经典知识点,实例详解都是作者精挑细选的典型实例,针对建筑工程的不同小专业在层次划分上做到全面、具体,结合读者需求,按照二级目录划分来逐步讲解,力求做到精益求精,为读者提供真实、有用的一手资料。

该书中的分部、分项工程实例的工程量计算不再是一连串让人感到枯燥的数字,而是在每个分部、分项工程的工程量计算之后相应地附加详细的注释解说,让读者在即使不知道该数据的来源的情况下,也能结合注释解说理解,从而加深对该部分知识的应用。

本书与同类书相比,其显著特点如下。

(1)每章开头是知识引导讲解,识图采用数学几何分析,融入简单理论讲解,典型实例列举,详解计算规则,剖析计算过程,每题点评串讲,回归主题思路。 最后3章讲解造价分析与投标文件的填写,一应俱全。

(2)实际操作性强。 书中主要以实际案例详解说明实际操作中的有关问题及解决方法,便于提高读者的实际操作水平。

(3)本书结构清晰,内容全面,层次分明,针对性强,覆盖面广,适用性和实用性强,简单易懂,是造价员的一本理想参考书。

本书由张国栋主编,参与编写的有涂川、王丽娜、于艳、仲胜仁、林瑞华、岳真真、李君瑜、李云云、殷明明、程栋梁、孔祥木、马悦、武雅征、王迪、刘冰玉、崔红霞、胡红果、马建涛、何云华、李均鹏、彭亚锋、雷迎春、蔡利红、王丽格、梁朋。

在编写本书的过程中,得到了许多同行的支持与帮助,在此表示感谢。 由于编者水平有限和时间紧迫,书中难免有错误和不妥之处,望广大读者批评指正。

目 录
CONTENTS

第6章 影响装饰工程造价的因素

第7章 工程造价经验速查

第8章 装饰工程造价实例精选

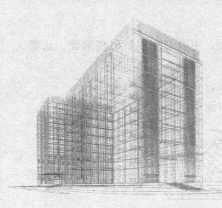

第1章
楼地面装饰工程

1.1 知识引导讲解

1.1.1 术语导读

（1）面层 建筑地面直接承受各种物理和化学作用的表面层。

（2）整体面层 是指大面积整体浇筑、连续施工而成的现制地面和楼面。包括水泥砂浆楼地面、现浇水磨石楼地面、细石混凝土楼地面、菱苦土楼地面（图1-1）；水泥砂浆面层、混凝土面层、水磨石面层，均按室内净面积计算。凡大于$0.1m^2$和大于等于20mm厚间隔墙等所占面积应予扣除。门洞、空圈等部分的面积，无论尺寸大小，一律不再增加面积，但没有墙体的通廊、过道应计算在整体面层的面积内。

（3）混凝土楼地面（也可称水泥砂浆压光地面）是指在灰土垫层上浇筑厚为60～80mm C15混凝土随打随抹，表面撒1:1干水泥砂子压实、抹光的一种地面，如图1-2（a）所示。

（4）水泥砂浆楼地面 指在灰土垫层上先浇筑厚60mm C10混凝土，待其凝固到一定程度后，用素水泥浆做结合层（即刷素水泥一道），然后再用20mm厚1:2.5水泥砂浆抹面压实、抹光的一种地面，如图1-2（b）所示。

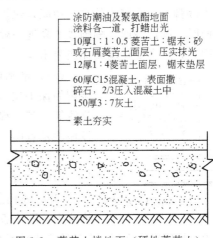

图1-1 菱苦土楼地面（硬性菱苦土）

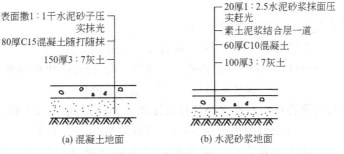

图1-2 混凝土与水泥砂浆地面的构成及做法

（5）整体楼地面　面层为整体浇筑、涂抹施工的楼地面，主要有水泥砂浆楼地面、水磨石楼地面、水泥豆石楼地面、菱苦土楼地面等。

（6）找平层　在垫层或楼板面上进行抹平找坡的构造层。

（7）垫层　在建筑地基上设置承重并传递上部荷载的构造层（图1-3）。

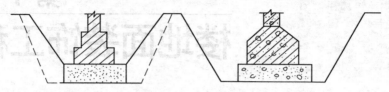

图 1-3　垫层示意图

（8）块料面层　用大理石、陶瓷锦砖、碎块大理石、水泥花砖，以及混凝土、水磨石等预制板块分别铺设在砂、水泥砂浆或沥青玛琋脂的结合层厚度为 2～5mm。

（9）楼梯踢脚线　随楼梯一起向上倾斜的楼梯踢脚的斜线长度，一般情况下层高按 3m 设置双跑楼梯的楼层，其斜线长度是其水平投影的 1.15 倍，因此楼梯踢脚线按定额项目乘以1.15 系数折合成斜线长度（或延长米）后，套用《全国统一建筑装修装饰工程消耗量定额》。

（10）伸缝　防止混凝土垫层在气温升高时在缩缝边缘产生挤碎或拱起而设置的伸胀缝。

（11）缩缝　防止混凝土垫层在气温降低时产生不规则裂缝而设置的收缩缝。

（12）踢脚线　地面的延伸。在地面与墙面交接处，按地面的做法进行处理。有时也称为踢脚板。踢脚线的主要功能是保护墙面，以防止墙面因受外界的碰撞而损坏，或在清洗地面时，脏污墙面。踢脚线的高度一般为 100～500mm，构造做法与地面一致，也是分层抹灰刷浆，通常要比墙面抹灰突出 4～6mm。

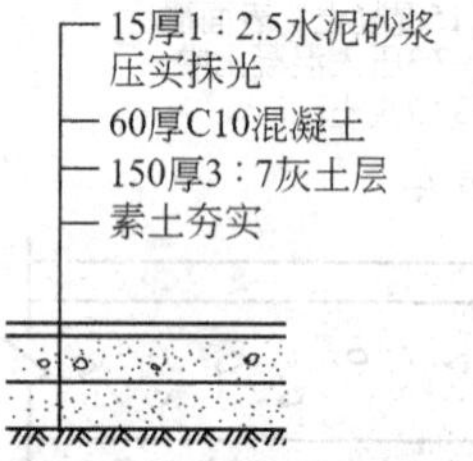

—15厚1:2.5水泥砂浆
　压实抹光
—60厚C10混凝土
—150厚3:7灰土层
—素土夯实

图 1-4　混凝土散水坡

（13）散水坡　又称护坡，是指房屋周围保护墙基，分散雨水远离墙脚的保护层。定额中包括挖土、筑坡、填土夯实、垫层铺设和面层浇注等，其工程量按图示尺寸以 m² 计算。图 1-4 为混凝土散水坡构造及做法示意图。

（14）台阶　当建筑物室内地面与室外地面有高差时，为了便于使用，用砖、石、混凝土等筑成的逐级供人上下的设施。

（15）室内主墙间净空面积　主墙间中心线间的面积扣除凸出地面的构筑物、设备基础、地沟、室内铁道等所占的面积后的剩余面积即为室内主墙间净空面积。在计算室内地面垫层工程量时常会用到这一概念。

1.1.2　公式索引

（1）块料面层

① 块料数量及灰缝结合层材料计算公式：

每 100m² 块料用量（块）＝100/(块料长＋灰缝宽)×(块料宽＋灰缝宽)

每 100m² 灰缝用料＝[100－(块料长×块料宽×每 100m² 块料用量)]×灰缝深

结合层用料＝100×结合层厚度

② 在铺贴块料前需将块料浸水（小冲瓷砖除外），其用水量可按下列方法计算：

浸块料的用水量（m³）＝块料体积（m³）×1/2

（2）木板面层用料量计算公式　木板制作以不同宽度分项计算，板厚一般按 2.5cm计算。

每 $100m^2$ 面层用板材体积＝板材宽度/板材有效宽度×板材厚度(毛坯)×100

当席纹板、企口板铺在混凝土板上的小木楞上，小木楞断面一般取 $5cm\times 6cm$，间距 50cm，小木楞需三面刷臭油水，木板下炉渣厚度一般按虚铺 6cm 计算。

（3）楼地面工程计算公式

① 底层地面面层

$$S=S_1-S_2-S_3-S_4-S_5$$

式中　S——底层地面面层面积；

　　　S_1——底层建筑面积；

　　　S_2——承重墙水平投影面积；

　　　S_4——设备基础所占面积；

　　　S_5——不需抹灰地沟盖板所占面积。

② 地面垫层

$$V=S\times 厚度$$

③ 垫层压实系数　垫层材料用量的计算，如石灰炉渣、水泥石灰炉渣和三合土等，以虚铺厚度和压实厚度之比为压实系数（压实系数＝虚铺厚度/压实厚度）。

材料用量＝材料的百分比×压实系数

1.1.3　参数列表

（1）灰土虚铺厚度参考表（表1-1）

表 1-1　灰土虚铺厚度参考表　　　　单位：cm

夯实厚度	虚铺厚度		
	第一步	第二步	第三步
15	25	22	22
10	16	—	—

（2）整体面层定额砂浆用量计算厚度参考表（表1-2）

表 1-2　整体面层定额砂浆用量计算厚度参考表　　　　单位：cm

序号	项目名称	砂浆厚度			说明
		底层	面层	总厚度	
1	混凝土面层(一次抹光)	4	0.65	4.65	以找平层项目中的细石混凝土加整体面层中的一次抹光
2	细石混凝土(一次抹光)	3	0.65	3.65	
3	水泥砂浆			2.0	
4	一次抹光			0.65	
5	水磨石楼地面	1.5	1.3	2.8	另加 0.2mm 磨损面层
6	楼梯水泥砂浆抹面			2.0	
7	楼梯水磨石抹面	1.5	1.2	2.7	另加 0.2mm 磨损面层
8	水泥砂浆踢脚线			2.5	
9	水磨石踢脚线	1.5	1.3	2.8	另加 0.2mm 磨损面层
10	菱苦土楼地面	1.3	0.9	2.2	

（3）块料面层计算数据参考表（表1-3）

表1-3　块料面层计算数据参考表

单位：cm

序号	项目名称		材料规格	灰缝		结合层厚度
				宽度	深度	
1	方整石	砂结合层及缝	30×15×12	0.5	12	6
2		砂浆结合层及缝				1.5
3	红青砖	砂结合层、砂缝（平铺）	24×11.5×5.3	0.5	5.3	1.5
4		砂结合层、砂缝（侧铺）		0.5	11.5	1.5
5	缸砖	砂浆结合层（勾缝）	15.2×15.2×1.5	0.2	1.5	1.5
6		沥青结合层（勾缝）		0.2	1.5	1.5
7	水泥砂浆结合层	锦砖（马赛克）	2.5×2.5			1.5
8		瓷砖	15×15×0.6	0.2	0.6	1.5
9		混凝土板	40×40×6	0.6	6	1.5
10		水泥砖	20×20×2.5	0.2		1.5
11		菱苦土板	25×25×2	0.3	2	1.5
12		人造大理石板	50×50×3	0.1	3	1.5
13		天然大理石板	50×50×30	0.1	3	1.5
14		水磨石板（地面）	50×50×3	0.2	3	1.5
15		水磨石（楼梯面）				1.5
16		铸铁板	29.8×29.8×0.6	0.2	0.6	2.0

（4）防潮层刷油漆厚度计算参考表（表1-4）

表1-4　防潮层刷油漆厚度计算参考表

单位：mm

部位		卷材防潮层						刷热沥青		刷玛琦脂	
		沥青			玛琦脂			第一遍	第二遍	第一遍	第二遍
		底层	中层	面层	底层	中层	面层				
平面		1.8	1.3	1.2	2	1.5	1.4	1.6	1.3	1.7	1.4
立面	砖墙面	1.9	1.4	1.3	2.1	1.6	1.5	1.9	1.6	2.0	1.7
	抹灰混凝土面							1.7	1.4	1.8	1.5

1.2 细解经典图形

（1）图形识读　图1-5为混凝土砌筑烟囱散水示意图，此图为烟囱散水砌筑俯视图。

（2）图形分析　由图1-5可以看出，此烟囱散水是一个由大大小小的同心圆所组成。里面的小圆形为烟囱的俯视图，外面的为散水的俯视图。

（3）图中数据解析　图中R_1指的是烟囱底外半径，b是散水宽度，B是烟道宽度，S是散水面积，详细了解了图中各数据的含义，再结合计算规则和计算公式，即可算出所求工程量。

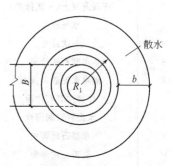

图1-5　混凝土砌筑烟囱散水示意图

（4）计算小技巧　如图 1-5 所示，若求烟囱散水工程量，则可以先计算整个砌筑的同心圆的工程量，然后减去最内圈圆，也就是烟道的工程量，得出的就是需要砌筑散水的土方工程量。整个图形是个圆形，直接套用计算公式 $S = (R_1+b)^2\pi - \pi R_1^2 - Bb$ 即可计算出烟囱散水的工程量。

1.3　典型实例

1.3.1　整体面层及找平层

1.3.1.1　水泥砂浆面层

【例 1-1】　如图 1-6 所示，房屋面层为 20mm 厚 1：3 水泥砂浆，试求其工程量。

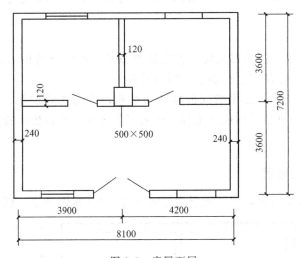

图 1-6　房屋面层

注：外墙厚 240mm，内墙厚 120mm

【解】　（1）工程量计算

① 定额工程量计算

室内面层工程量 $=(8.1-0.24)\times(3.6-0.12-0.06)+(3.9-0.12-0.06)\times$
$(3.6-0.12-0.06)+(4.2-0.12-0.06)\times(3.6-0.12-0.06)$
$=26.88+12.72+13.75$
$=53.35(\text{m}^2)$

（套用消耗量定额 11-85。）

注 释

8.1m 为外墙中心线之间的宽度，0.24m 为外墙厚，3.6m 为图中下部及上部房间内外墙中心线之间的长度，0.12m 为外墙厚度的一半，0.06m 为内墙厚度的一半，3.9m 为左上方房间内外墙中心线之间的宽度，4.2m 为右上方房间内外墙中心线之间的宽度。 0.5m×0.5m=0.25m² < 0.3m²，不扣除空洞面积。

② 清单工程量计算 清单工程量计算方法同定额工程量计算方法。

清单工程量计算见表1-5。

表1-5 水泥砂浆面层清单工程量计算表

项目编码	项目名称	项目特征描述	计量单位	工程量
011101001001	水泥砂浆楼地面	20mm厚1:3水泥砂浆面层	m²	53.35

（2）计算规则与注解

① 定额计算规则 楼地面找平层及整体面层按设计图示尺寸以面积计算。扣除凸出地面建筑物、设备基础、室内铁道、地沟等所占面积，不扣除间壁墙及单个面积小于等于0.3m²柱、垛、附墙烟囱及孔洞所占面积。门洞、空圈、暖气包槽、壁龛的开口部分不增加面积。

② 清单工程量，按设计图尺寸以面积计算。门洞、空圈、暖气包槽的开口部分并入相应的工程量内。

（3）要点点评

① 在计算水泥砂浆面层工程量时，首先要明白其定额以及清单工程量的计算规则，然后结合图纸数据，别忘记墙厚、门洞、空圈的计算。

② 本题计算时可先计算各个房间的楼地面面积，然后扣除门洞、空圈等多余的部分，即可准确计算出该水泥砂浆楼地面的工程量，采用分区计算然后相加的方法则计算公式更加清晰明了。

1.3.1.2 现浇水磨石面层

【例1-2】 如图1-7所示，房屋面层为20mm厚1:3水泥砂浆，试求其工程量。

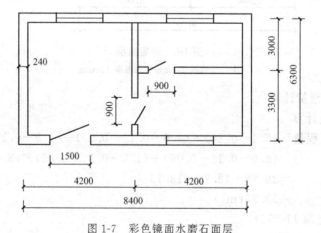

图1-7 彩色镜面水磨石面层

【解】 （1）工程量计算

① 定额工程量计算

工程量＝室内面积

$$=(4.2-0.24)\times(6.3-0.24)+(3-0.24)\times(4.2-0.24)+(3.3-0.24)\times(4.2-0.24)$$
$$=3.96\times6.06+2.76\times3.96+3.06\times3.96$$
$$=47.04(m^2)$$

注　释

　　4.2m、6.3m 都为西侧房间的中心线长，0.24m 为 2 个半墙厚，（4.2-0.24）m、（6.3-0.24）m 分别为西侧房间的净宽、净长，同理（3-0.24）m、（4.2-0.24）m 分别为东北方向上房间的净宽、净长，（3.3-0.24）m、（4.2-0.24）m 分别为东南方向上房间的净宽、净长。（套用消耗量定额 11-13。）

　　② 清单工程量　清单工程量计算方法同定额工程量计算方法一样。

　　清单工程量计算见表 1-6。

表 1-6　现浇水磨石面层清单工程量计算表

项目编码	项目名称	项目特征描述	计量单位	工程量
011101002001	现浇水磨石楼地面	彩色镜面水磨石面层	m²	47.04

　　（2）计算规则与注解

　　① 定额计算规则　现浇水磨石楼地面找平层及整体面层按设计图示尺寸以面积计算。扣除凸出地面建筑物、设备基础、室内铁道、地沟等所占面积，不扣除间壁墙及单个面积小于等于 0.3m² 柱、垛、附墙烟囱及孔洞所占面积。门洞、空圈、暖气包槽、壁龛的开口部分不增加面积。

　　② 清单工程量，按设计图尺寸以面积计算。门洞、空圈、暖气包槽的开口部分并入相应的工程量内。

　　（3）要点点评

　　① 在计算水泥砂浆面层工程量时，首先要明白其定额以及清单工程量的计算规则，然后结合图纸数据，别忘记墙厚、门洞、空圈的计算。

　　② 水磨石地面水泥石子浆的配合比，设计与定额不同时，可以调整。

　　③ 本题计算时可先计算各个房间的楼地面面积，然后扣除门洞、空圈等多余的部分，即可准确计算出该水泥砂浆楼地面的工程量，采用分区计算然后相加的方法则计算公式更加清晰明了。

1.3.1.3　细石混凝土面层

【例 1-3】 试计算如图 1-8 所示住宅室内水泥豆石浆（厚 20mm）地面的工程量。

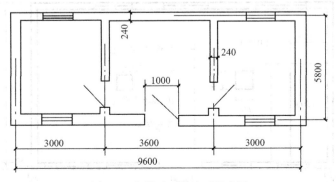

图 1-8　水泥豆石浆地面示意图

【解】 (1) 工程量计算

① 定额工程量计算

本例为整体面层，工程量按主墙间净空面积计算：

$$F = (5.8 - 0.24) \times (9.6 - 0.24 \times 3)$$
$$= 49.37 (m^2)$$

注 释

主墙间净宽为 (5.8-0.24) m，5.8m 为外墙中心线宽，净长为 (9.6-0.24×3) m，9.6m 为外墙中心线长，0.24m 为墙体的厚度。

② 清单工程量计算方法同定额工程量计算方法一样。

清单工程量计算见表 1-7。

表 1-7 细石混凝土面层清单工程量计算表

项目编码	项目名称	项目特征描述	计量单位	工程量
010101001001	细石混凝土地面	水泥豆石浆 (厚 20mm)	m²	49.37

(2) 计算规则与注解

① 定额计算规则　细石混凝土地面按设计图示尺寸以主墙间净面积计算。扣除凸出地面建筑物、设备基础、室内铁道、地沟等所占面积，不扣除间壁墙及单个面积小于等于 0.3m² 柱、垛、附墙烟囱及孔洞所占面积。门洞、空圈、暖气包槽、壁龛的开口部分不增加面积。

② 清单工程量计算方法同定额工程量计算方法一样。

(3) 要点点评

① 在计算细石混凝土地面的工程量时，首先要明白其定额以及清单工程量的计算规则，然后结合图纸数据，计算时要特别注意墙厚、门洞、空圈等易被忽略的小部分空间。

② 本题计算的是细石混凝土地面的整体地面工程量，计算过程中无须扣除门洞、空圈等多余的部分，只减去墙体厚度，以主墙间净面积计算，即可准确计算出细石混凝土地面的工程量。

1.3.1.4 菱苦土楼地面

【例 1-4】 如图 1-9 所示，计算菱苦土楼地面工程量。

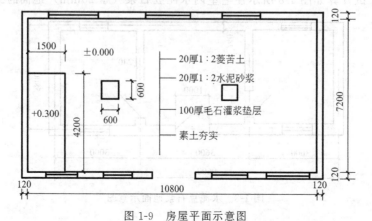

图 1-9 房屋平面示意图

【解】　(1) 工程量计算

① 定额工程量计算

菱苦土面层工程量 $=(10.8-0.24)\times(7.2-0.24)-4.2\times1.5(平台)-0.6\times0.6\times2$

$=66.48(\mathrm{m}^2)$

(套用消耗量定额 11-16。)

■ 注 释

　　主墙间净长为（10.8-0.24）m，10.8m 为外墙中心线长，净长为（7.2-0.24）m，7.2m 为外墙中心线的宽度，0.24m 为墙体的厚度，（4.2×1.5）m 为室内平台的工程量，（0.6×0.6×2）m^2 为 2 个室内方形建筑的面积。

② 清单工程量计算

工程量 $=(10.8-0.24)\times(7.2-0.24)-0.6\times0.6\times2-4.2\times1.5$

$=66.48(\mathrm{m}^2)$

清单工程量计算见表 1-8。

表 1-8　菱苦土楼地面清单工程量计算表

项目编码	项目名称	项目特征描述	计量单位	工程量
01010101001001	菱苦土楼地面	素土夯实，100mm 厚毛石灌浆垫层，20mm 厚 1:2 水泥砂浆，20mm 厚 1:2 菱苦土	m^2	66.48

　　(2) 计算规则与注解

　　① 定额计算规则　菱苦土楼地面按设计图示尺寸以主墙间净面积计算。扣除凸出地面建筑物、设备基础、室内铁道、地沟等所占面积，不扣除间壁墙及单个面积小于等于 $0.3\mathrm{m}^2$ 柱、垛、附墙烟囱及孔洞所占面积。门洞、空圈、暖气包槽、壁龛的开口部分不增加面积。

　　② 清单工程量计算方法同定额工程量计算方法一样。

　　(3) 要点点评

　　① 在计算菱苦土楼地面的工程量时，首先要明白其定额以及清单工程量的计算规则，然后结合图纸数据，计算时要特别注意墙厚、门洞、空圈等易被忽略的小部分空间。

　　② 本题计算的是房屋菱苦土楼地面的整体地面工程量，计算过程中要注意室内平台和其他装饰建筑，还要减去墙体厚度，以主墙间净面积计算即可准确计算出室内菱苦土楼地面的工程量。

1.3.1.5　找平层

　　【例 1-5】　如图 1-10 所示，求住宅楼二层房间（不包括卫生间、厨房）及楼梯找平层工程量（做法：C20 细石混凝土找平层厚 40mm，内外墙均厚 240mm）。

　　【解】　(1) 工程量计算

　　① 定额工程量计算

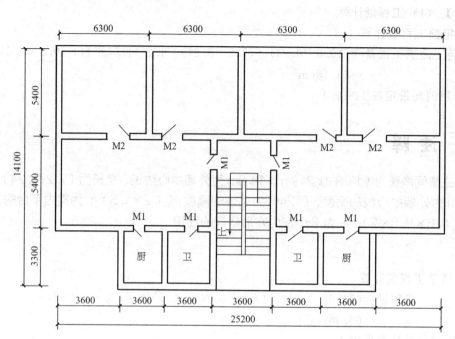

图 1-10 某住宅楼二层示意图

工程量＝(5.4－0.24)×(6.3－0.24)×4＋(5.4－0.24)×(10.8－0.24)×2＋
(3.6－0.24)×(8.7－0.24)
＝125.078＋108.97＋28.426
＝262.48(m²)

注 释

上述式中（5.4-0.24）×（6.3-0.24）m² 为左上边房间的净面积，5.4m 为进深，6.3m 为开间，0.24m 为墙厚，与此房间尺寸相同的房间共有 4 间，因此乘以 4，（5.4-0.24）×（10.8-0.24）为楼梯间左边房间的净面积，5.4m、10.8m、3.6m 为墙中心轴线间的距离，楼梯间右边的房间与左边房间尺寸相同，乘以 2，加上 3.6m 为楼梯间的开间，8.7m 为楼梯间进深，（3.6-0.24）×（8.7-0.24）m² 为楼梯间的净面积。

说明：整体面层下做找平层时，找平层工程量与整体面层工程量相等。
② 清单工程量计算 清单工程量计算方法同定额工程量计算方法一样。
清单工程量计算见表 1-9。

表 1-9 细石混凝土地面清单工程量计算表

项目编码	项目名称	项目特征描述	计量单位	工程量
010101001001	细石混凝土地面	C20 细石混凝土找平层厚 40mm	m²	262.48

（2）计算规则与注解
① 定额计算规则 整体面层下做找平层时，找平层工程量与整体面层工程量相等，细石混凝土整体面层按设计图示尺寸以主墙间净面积计算。扣除凸出地面建筑物、设备基础、

室内铁道、地沟等所占面积，不扣除间壁墙及单个面积小于等于 $0.3m^2$ 柱、垛、附墙烟囱及孔洞所占面积。门洞、空圈、暖气包槽、壁龛的开口部分不增加面积。

② 清单工程量计算方法同定额工程量计算方法一样。

（3）要点点评

① 在计算细石混凝土找平层的工程量时，首先要明白其定额以及清单工程量的计算规则，然后结合图纸数据，计算时要特别注意墙厚、门洞、空圈等易被忽略的小部分空间。

② 本题计算的是细石混凝土房间和楼梯的找平层的工程量，计算过程中要加上楼梯的工程量，还要减去墙体厚度，以主墙间净面积计算，即可准确计算出室内房间和楼梯找平层的工程量。

1.3.1.6 垫层

【例 1-6】 如图 1-11 所示，求毛石灌浆垫层工程量（做毛石灌 M2.5 混合砂浆，厚 100mm，素土夯实）。

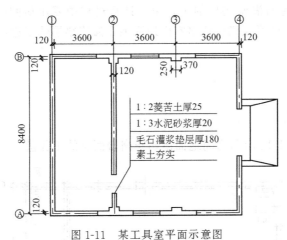

图 1-11 某工具室平面示意图

【解】 （1）工程量计算

① 定额工程量计算

$$毛石灌浆垫层工程量 = (8.4-0.12×2)×(3.6×3-0.12×2-0.12)×0.1$$
$$= 8.16×10.44×0.1$$
$$= 8.52(m^3)$$

（套用基础定额 8-7。）

注 释

（8.4-0.12×2）m 为房间净宽，（0.12×2）m 为外墙的厚度，（3.6×3-0.12×2-0.12）m 为工具室净长度，0.12m 为内墙宽度，0.1m 是毛石灌浆垫层的厚度。

说明：也可用整体面层面积乘以设计厚度计算出垫层的工程量。

② 清单工程量计算 清单工程量计算方法同定额工程量计算方法一样。

清单工程量计算见表 1-10。

表 1-10 垫层清单工程量计算表

表 1-10 垫层清单工程量计算表

项目编码	项目名称	项目特征描述	计量单位	工程量
010405001001	垫层	毛石灌 M2.5 混合砂浆厚 100cm	m³	8.52

（2）计算规则与注解

① 定额计算规则　地面垫层计算按室内主墙间净空面积乘设计厚度以 m³ 计算。应扣除：凸出地面的构筑物、设备基础、室内铁道、地沟等所占体积。不扣除：柱、垛、间壁墙、附墙烟囱及面积在 0.3m² 以内孔洞所占面积。但门洞、空圈、壁龛的开口部分亦不增加。主墙系指墙厚大于等于 120mm 的墙体。

② 清单工程量计算方法同定额工程量计算方法一样。

（3）要点点评

① 在计算地面垫层的工程量时，首先要明白其定额以及清单工程量的计算规则，然后结合图纸数据，计算时要特别注意墙厚、门洞、空圈等易被忽略的小部分空间。

② 本题计算的是毛石灌浆垫层的工程量，计算过程中要用房间的面积乘以垫层厚度，以主墙间净面积计算，即可准确计算出室内地面毛石灌浆垫层的工程量。

1.3.2　块料面层

1.3.2.1　石材楼地面

【例 1-7】　求如图 1-12 所示房间地面镶贴花岗岩面层的工程量。

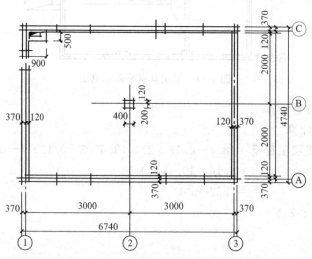

图 1-12　房间地面镶贴花岗石平面图

【解】（1）工程量计算

① 定额工程量计算

石板面层的工程量＝(6.74－0.49×2)×(4.74－0.49×2)－0.9×0.5－0.4×0.32

＝21.66－0.45－0.128

＝21.08(m²)

（套用消耗量定额 11-17。）

注 释

6.74m为平面图外墙边线之间的宽度，0.49m（即0.37+0.12）为墙厚，2m为两个墙厚，4.74m为外墙边线长度，（0.9×0.5）m² 为附墙柱所占面积，（0.4×0.32）m² 为室内柱所占面积，其中0.32m为0.2m+0.12m。

② 清单工程量　清单工程量计算方法同定额工程量计算方法一样。
清单工程量计算见表1-11。

表1-11　石材楼地面清单工程量计算表

项目编码	项目名称	项目特征描述	计量单位	工程量
011102001001	石材楼地面	花岗岩面层	m²	21.08

（2）计算规则与注解
① 定额计算规则　石材楼地面计算按设计图示尺寸以面积计算，门洞、空圈、暖气包槽、壁龛的开口部分并入相应的工程量内。
② 清单工程量计算方法同定额工程量计算方法一样。
（3）要点点评
① 在计算块料面层的工程量时，首先要明白其定额以及清单工程量的计算规则，然后结合图纸数据，计算时要特别注意墙厚、门洞、空圈等易被忽略的小部分空间。
② 本题计算的是花岗岩楼地面的工程量，计算公式跟计算楼地面整体面层方法一样，就是以平方米为单位，用房间的净宽乘以净长，再减去附墙柱、室内柱所占面积的工程量，即可准确计算出该题目中花岗岩楼地面的工程量。

1.3.2.2　块料楼地面

【例1-8】　如图1-13所示的某建筑，采用块料大理石面层，试求地面的工程量。

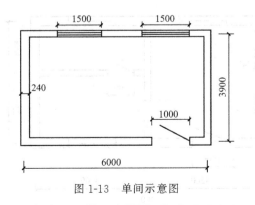

图1-13　单间示意图

【解】（1）工程量计算
① 定额工程量计算
$$工程量=(6-0.24)×(3.9-0.24)+1×0.12$$
$$=21.20(m²)$$

（套用消耗量定额 11-17。）

注 释

6m、3.9m 都为房间的中心线长，（6-0.24）m、（3.9-0.24）m 分别为房间的净长、净宽，0.12m 为半墙厚，（1×0.12）m² 为门洞处开口部分的面积。

② 清单工程量计算　清单工程量计算方法同定额工程量计算方法一样。

清单工程量计算见表 1-12。

表 1-12　块料楼地面清单工程量计算表

项目编码	项目名称	项目特征描述	计量单位	工程量
011102003001	块料楼地面	块料大理石楼地面	m²	21.20

（2）计算规则与注解

① 定额计算规则　块料面层计算按设计图示尺寸以面积计算，需扣除凸出地面的构筑物，门洞开口部分面积应增加。

② 清单工程量计算方法同定额工程量计算方法一样。

（3）要点点评

① 在计算块料面层的工程量时，首先要明白其定额以及清单工程量的计算规则，然后结合图纸数据，计算时要特别注意门洞开口等易被忽略的部分要并入工程量中。

② 本题计算的是大理石块料面层的工程量，是以平方米为单位，用房间地面的净面积，加上门洞面积，即可准确计算出该题目中厨房大理石面层的工程量。

1.3.2.3　碎石材楼地面

【例 1-9】试计算如图 1-14 所示的住宅室内碎石（厚 20mm）地面的工程量（内、外墙厚均为 240mm）。

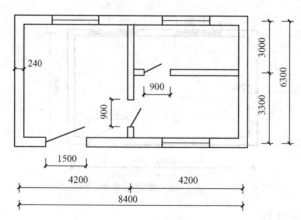

图 1-14　住宅室内碎石平面图

【解】（1）工程量计算

① 定额工程量计算

工程量＝$(4.2-0.24)×(6.3-0.24)+(3.3-0.24)×(4.2-0.24)+$
$(3.0-0.24)×(4.2-0.24)+0.9×0.24×2+1.5×0.12$
$=47.66 (m^2)$

注 释

4.2m 为左、右房间横向内外墙中心线之间的长度，0.24m 为墙厚，6.3m 为纵向外墙中心线之间的长度，3.3m 为右下方房间墙体中心线的长度，3.0m 为右上方房间墙体中心线的长度，$(0.9×0.24×2)$ m^2 是 2 个 900mm 门所占面积，$(1.5×0.24)$ m^2 是 1 个 1500mm 的门所占面积。

② 清单工程量计算 清单工程量计算方法同定额工程量计算方法一样。

清单工程量计算见表 1-13。

表 1-13 碎石材楼地面清单工程量计算表

项目编码	项目名称	项目特征描述	计量单位	工程量
011102001001	碎石材楼地面	碎石(厚 20mm)地面	m²	47.66

（2）计算规则与注解

① 定额计算规则 石材楼地面计算按设计图示尺寸以面积计算，本题计算时要注意面积的计算是计算室内地面的净面积。

② 清单工程量计算方法同定额工程量计算方法一样。

（3）要点点评

① 在计算房间大理石镶贴面层的工程量时，首先要明白其定额以及清单工程量的计算规则，然后结合图纸数据，计算时要特别注意墙、柱和附墙烟囱。

② 本题计算的是房间大理石镶贴面层的工程量，是以平方米为单位，用房间地面的净面积，再减去房间内柱和附墙烟囱所占面积的工程量，即可准确计算出该题目中房间大理石镶贴面层的工程量。

1.3.3 橡胶面层

1.3.3.1 橡胶板楼地面

【例 1-10】 地面贴橡胶板面层如图 1-15 所示，试求其工程量。

【解】（1）工程量计算

① 定额工程量计算

工程量＝$(32-0.24)×(15-0.24)$
$=468.78(m^2)$
$=4.69(100m^2)$

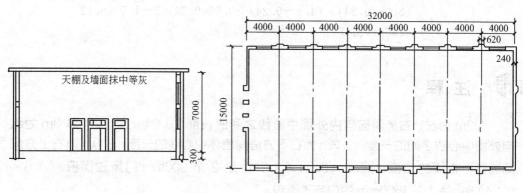

图 1-15 某单层仓库平面图

注释

32m 为平面图中外墙中心线之间的宽度，0.24m 为墙厚，15m 为外墙中心线之间的长度。（套用消耗量定额 11- 45）在消耗量定额第十一章第三节橡胶面层中，查得楼地面贴橡胶板的定额编号为 45，故应套用定额编号 11-45。定额的计量单位为 100m²，故应将工程量 468.78 换算成 4.69（100m²），然后乘以定额。

② 清单工程量计算 清单工程量计算方法同定额工程量计算方法。

清单工程量计算见表 1-14。

表 1-14 橡胶板楼地面清单工程量计算表

项目编码	项目名称	项目特征描述	计量单位	工程量
011103001001	橡胶板楼地面	地面贴橡胶板面层	m²	468.78

（2）计算规则与注解

① 定额计算规则 橡胶板楼地面计算按设计图示尺寸以面积计算，本题计算时要注意面积的计算是计算室内地面的净面积。

② 清单工程量计算方法同定额工程量计算方法一样。

（3）要点点评

① 在计算地面贴橡胶板面层的工程量时，首先要明白其定额以及清单工程量的计算规则，然后结合图纸数据，计算时要特别注意墙体厚度。

② 本题计算的是地面贴橡胶板面层的工程量，是以 100m² 为单位，用房间净长乘以净宽，计算结果再换算成以 100m² 为单位，即可准确计算出该题目中地面贴橡胶板面层的工程量。

1.3.3.2 橡胶卷材楼地面

【例 1-11】 如图 1-16 所示，地面面层为橡胶板，试求其工程量。

【解】 （1）工程量计算

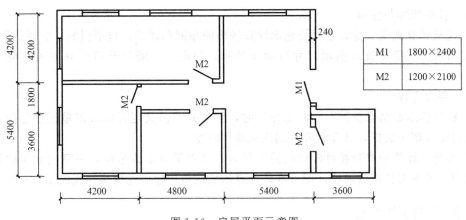

| M1 | 1800×2400 |
| M2 | 1200×2100 |

图 1-16 房屋平面示意图

① 定额工程量计算

工程量＝室内地面面积＋门洞面积－柱所占面积

$$=(14.4-0.24)\times(3.6-0.12-0.06)+(3.6-0.12-0.06)\times$$
$$(3.6-0.12-0.06)\times2+(3.6-0.12)\times(3.6-0.12-0.06)$$
$$\times2+(1.2\times0.12\times4+2.4\times0.12)-(0.6-0.12)\times(0.6-$$
$$0.12)\times3$$
$$=(48.43+23.39+23.80)+0.864-0.23\times3$$
$$=95.62+0.864-0.69$$
$$=95.79(m^2)$$

注 释

（14.4-0.24）×（3.6-0.12-0.06）m² 为大厅的净面积，14.4m 为大厅左、右墙面中心轴线间的长度，3.6m 为大厅墙面中心轴线间的长度，0.24m 为墙厚，（3.6-0.12-0.06）×（3.6-0.12- 0.06）×2m² 为两侧房间的净面积和，房间为 3.6m 进深，（3.6-0.12）×（3.6-0.12-0.06）×2m² 为中间两个房间的净面积和，两个房间均只有一堵墙为 240 墙，三堵为 120 墙；（1.2×0.12×4+2.4×0.12）m² 为门洞的面积，M1 门洞宽度为 1.2m，数量为 4 个，M2 门洞宽度为 2.4m，数量为 1 个；（0.6-0.12）×（0.6-0.12）×3m² 为柱所占的面积，柱子的截面面积为（0.6×0.6）m²，0.12m 为墙厚。

② 清单工程量计算

清单工程量＝室内地面面积＋门洞面积－柱所占面积

清单工程量计算方法同定额工程量计算方法一样。

清单工程量计算见表 1-15。

表 1-15 橡胶卷材楼地面清单工程量计算表

项目编码	项目名称	项目特征描述	计量单位	工程量
011103002001	橡胶卷材楼地面	橡胶板面层	m²	95.79

（2）计算规则与注解

① 定额计算规则　橡胶卷材楼地面计算按饰面净面积计算，包括门洞、空圈的面积。

② 清单工程量按设计图示尺寸以面积计算，门洞、空圈等开口部分并入相应的工程量内。

（3）要点点评

① 在计算地面贴橡胶板面层的工程量时，首先要明白其定额以及清单工程量的计算规则，然后结合图纸数据，计算时要特别注意墙体厚度。

② 本题计算的是橡胶卷材楼地面的工程量，是以平方米为单位，用室内地面面积加上门洞面积，再减去柱所占面积，即可准确计算出该题目中橡胶卷材楼地面的工程量。

1.3.3.3　塑料板楼地面

【例1-12】　如图1-17所示，地面面层为塑料平口板面层，试计算其工程量。

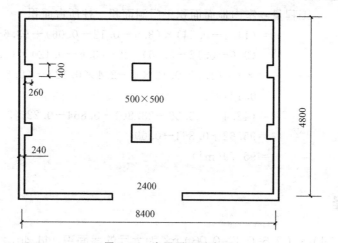

图1-17　房屋平面示意图

【解】　（1）工程量计算

① 定额工程量计算

工程量＝室内地面积＋门洞面积－柱所占面积－墙垛所占面积

$$=(8.4-0.24)\times(4.8-0.24)+2.4\times0.12-0.5\times0.5\times2-0.26\times0.4\times4$$

$$=37.21+0.288-0.5-0.416$$

$$=36.58(m^2)$$

（套用消耗量定额11-47。）

注释

（8.4-0.24）×（4.8-0.24）m² 为室内地面工程量，0.24m 为墙厚，8.4m 为两墙面中心线之间的长度，4.8m 为两墙面中心线之间的宽度，（2.4×0.12）m² 为门洞的面积，2.4m 为门洞的宽度，（0.5×0.5×2）m² 为房间内两个柱所占面积，0.5m 为柱子的长度、宽度，（0.26×0.4×4）m² 为 4 个墙垛所占面积，0.26m 为墙垛长度，0.4m 为墙垛的宽度。

② 清单工程量计算

工程量＝室内地面积＋门洞面积－柱所占面积－墙垛所占面积

清单工程量计算方法同定额工程量计算方法一样。

清单工程量计算见表1-16。

表1-16　塑料板楼地面清单工程量计算表

项目编码	项目名称	项目特征描述	计量单位	工程量
011103003001	塑料板楼地面	塑料板地面面层	m²	36.58

（2）计算规则与注解

① 定额计算规则　塑料板楼地面定额工程量计算按饰面净面积计算，包括门洞、空圈的面积。

② 清单工程量按设计图示尺寸以面积计算，门洞、空圈等开口部分并入相应的工程量内。

（3）要点点评

① 在计算塑料板楼地面的工程量时，首先要明白其定额以及清单工程量的计算规则，然后结合图纸数据，计算时要特别注意门洞、空圈以及墙垛。

② 本题计算的是塑料板楼地面的工程量，是以平方米为单位，用室内地面面积加上门洞面积，再减去柱和墙垛所占的面积，即可准确计算出该题目中塑料板楼地面的工程量。

1.3.3.4 塑料卷材楼地面

【例1-13】　如图1-18所示，地面面层为塑料卷材，试计算其工程量。

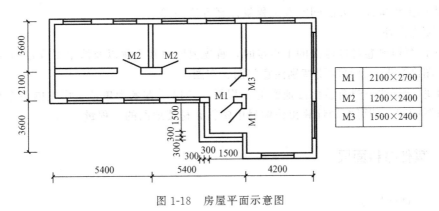

图1-18　房屋平面示意图

【解】（1）工程量计算

① 定额工程量计算

工程量＝室内地面面积＋门洞面积

　＝[(3.6-0.24)×(5.4-0.24)×2+(4.2-0.24)×(9.3-0.24)+(10.8-0.24)×(2.1-0.24)]+[(2.1×0.24)×2+(1.2×0.24)×2+(1.5×0.24)]

　＝34.68+35.88+19.64+1.94

　＝92.14(m²)

注 释

由图可知，室内地面面积由 4 个房间的面积组成，（3.6-0.24）m 为左上房间的净宽，（5.4-0.24）m 为左上房间的净长，0.24 为墙厚，（3.6-0.24）×（5.4-0.24）×2m² 为两个房间的净面积，同理分别计算出其他两个房间的净面积分别为（4.2-0.24）×（9.3-0.24）m²、（10.8-0.24）×（2.1-0.24）m²；（2.1-0.24）×2+（1.2×0.24）×2+（1.5×0.24）m² 为门洞的面积，（2.1×0.24）×2m、（1.2×0.24）×2m、（1.5×0.24）m 分别为 M1、M2、M3 的门洞开口尺寸。

② 清单工程量

工程量＝室内地面面积＋门洞面积

清单工程量计算见表 1-17。

表 1-17　塑料卷材楼地面清单工程量计算表

项目编码	项目名称	项目特征描述	计量单位	工程量
011103004001	塑料卷材楼地面	地面面层为塑料卷材	m²	92.14

（2）计算规则与注解

① 定额计算规则　塑料卷材楼地面定额工程量计算按图示尺寸以主墙间净面积计算，包括门洞的面积。

② 清单工程量计算方法同定额工程量计算方法一样。

（3）要点点评

① 在计算塑料卷材楼地面的工程量时，首先要明白其定额以及清单工程量的计算规则，然后结合图纸数据，计算时要特别注意门洞、空圈。

② 本题计算的是塑料卷材楼地面的工程量，是以平方米为单位，用室内各个房间地面积加上门洞面积，即可准确计算出该题目中塑料卷材楼地面的工程量。

1.3.4　其他材料面层

1.3.4.1　地毯楼地面

【例 1-14】　如图 1-19 所示，试求某住宅室内地面铺化纤地毯工程量。

【解】　（1）工程量计算

① 定额工程量计算

工程量＝(6.6-0.12×4)×(4.2-0.12×2)+0.9×0.24+1×0.12
　　　＝24.57(m²)

（套用消耗量定额 11-49。）

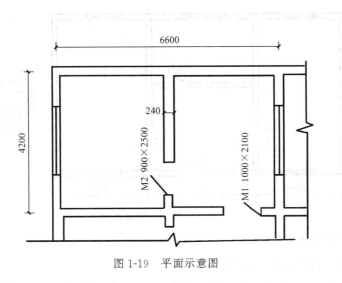

图 1-19　平面示意图

注 释

6.6m、4.2m 都为房间的中心线长，（0.12×4）m 为 4 个半墙厚，（6.6-0.12×4）m、（4.2-0.12×2）m 分别为房间的净长、净宽，0.9m 为 M2 的宽度，0.24m 为墙厚，（0.9×0.24）m² 为 M2 处门洞开口部分面积，1m 为 M1 的宽度，0.12m 为墙厚，（1×0.12）m² 为 M1 处门洞开口部分面积。

② 清单工程量　清单工程量计算方法同定额工程量计算方法一样。

清单工程量计算见表 1-18。

表 1-18　地毯楼地面清单工程量计算表

项目编码	项目名称	项目特征描述	计量单位	工程量
011104001001	地毯楼地面	住宅室内地面铺化纤地毯	m²	24.57

（2）计算规则与注解

① 定额计算规则　地毯楼地面定额工程量以平方米计量，按设计图示尺寸计算，门洞、空圈、暖气包槽、壁龛的开口部分并入相应的工程量内。

② 清单工程量计算方法同定额工程量计算方法一样。

（3）要点点评

① 在计算地毯楼地面的工程量时，首先要明白其定额以及清单工程量的计算规则，然后结合图纸数据，计算时要特别注意门洞、空圈。

② 本题计算的是地毯楼地面的工程量，是以平方米为单位，用室内两个房间地面积加上门洞的面积，即可准确计算出该题目中地毯楼地面的工程量。

1.3.4.2　竹、木复合地板

【例 1-15】　如图 1-20 所示，房屋地面面层为铺在木龙骨上的平口长条杉木地板，踢脚线为 150mm 高的成品木踢脚线。试求地面面层的工程量。

【解】　（1）工程量计算

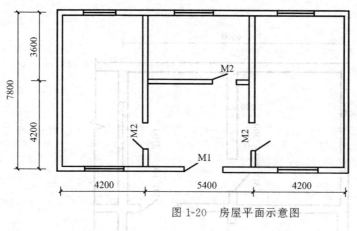

图 1-20 房屋平面示意图

① 定额工程量计算

工程量＝室内地面面积＋门洞面积

$$= (7.8-0.24)\times(4.2-0.24)\times2+(3.6-0.24)\times(5.4-0.24)+(4.2-0.24)\times$$
$$(5.4-0.24)+(1.5\times0.12+1.2\times0.24\times3)$$
$$=59.88+17.34+20.43+1.04$$
$$=98.69(m^2)$$

注 释

（7.8-0.24）m 为左边房间净长，（4.2-0.24）m 为左边房间净宽，（7.8-0.24）×（4.2-0.24）m² 为左边房间的净面积，同理算出其他房间的净面积；（1.5×0.12+1.2×0.24×3）m² 为门洞的面积，（1.5×0.12）m² 为 M1 的门的面积，（1.2×0.24×3）m² 为三个 M2 的门的面积。

（套用消耗量定额 11-52。）

② 清单工程量计算

工程量＝室内地面面积＋门洞面积

清单工程量计算方法同定额工程量计算方法一样。

a. 室内地面面积＝97.65m²

b. 门洞面积＝1.04m²

工程量＝97.65+1.04＝98.69（m²）

清单工程量计算见表 1-19。

表 1-19　竹、木（复合）地板清单工程量计算表

项目编码	项目名称	项目特征描述	计量单位	工程量
011104002001	竹、木（复合）地板	木龙骨上的平口长条杉木地板	m²	98.69

（2）计算规则与注解

① 定额计算规则　竹、木复合地板楼地面定额工程量计算按设计图示尺寸以面积计算，门洞、空圈、暖气包槽、壁龛的开口部分并入相应的工程量内。

② 橡胶面层地毯，竹木地板，防静电活动地板，金属复合地板面层工程量的计算方法，

清单工程量与定额工程量计算方法相同，均按设计图示尺寸以面积计算，包括门洞、空圈等开口部分的面积。

（3）要点点评

① 在计算竹、木复合地板楼地面的工程量时，首先要明白其定额以及清单工程量的计算规则，然后结合图纸数据，计算时要特别注意门洞、空圈。

② 本题计算的是竹、木复合楼地板地面的工程量，是以平方米为单位，用室内地面面积加上门洞面积，即可准确计算出该题目中竹、木复合地板地面的工程量。

1.3.4.3　金属复合地板

【例 1-16】　如图 1-21 所示，试求某办公楼的三个办公室铺复合地板的工程量。

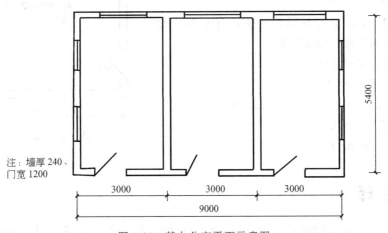

注：墙厚 240、
门宽 1200

图 1-21　某办公室平面示意图

【解】　（1）工程量计算

① 定额工程量计算

复合地板的工程量＝(3−0.24)×(5.4−0.24)×3＋1.2×0.12×3

＝43.16(m²)

注 释

3m、5.4m 都为西侧房间的中心线长，0.24m 为 2 个半墙厚，(3−0.24)m、(5.4−0.24)m 分别为西侧房间的净宽、净长，乘以 3 表示有 3 个尺寸相同的房间，1.2m 为门的宽度，0.24m 为 2 个半墙厚，进户门处复合地板铺至外墙外边线，(1.2×0.12)m² 为一个门的洞口开口部分面积，乘以 3 表示有 3 个尺寸相同的门。

（套用消耗量定额 11-52。）

② 清单工程量计算　清单工程量计算见表 1-20。

表 1-20　金属复合地板清单工程量计算表

项目编码	项目名称	项目特征描述	计量单位	工程量
011104003001	金属复合地板	复合地板	m²	43.16

（2）计算规则与注解

① 定额计算规则　金属复合地板按设计图示尺寸实铺面积计算。

② 清单工程量计算方法与定额工程量计算方法相同，均按设计图示尺寸以面积计算，包括门洞、空圈等开口部分的面积。

（3）要点点评

① 在计算金属复合地板的工程量时，首先要明白其定额以及清单工程量的计算规则，然后结合图纸数据，计算时要特别注意门洞、空圈。

② 本题计算的是金属复合地板的工程量，是以平方米为单位，用室内各个房间地面的面积加上门洞面积，即可准确计算出该题目中金属复合地板的工程量。

1.3.4.4　金属复合地板

【例 1-17】　如图 1-22 所示婴儿房采用活动式地板，试求该活动式木质地板的工程量。

【解】　（1）工程量计算

① 定额工程量计算

$$工程量=(5.4-0.24)\times(3.6-0.24)+1.0\times0.12$$
$$=17.338+0.12$$
$$=17.46(m^2)$$

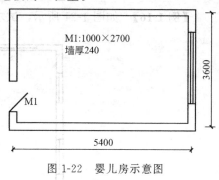

图 1-22　婴儿房示意图

（图中标注：M1:1000×2700　墙厚240　3600　5400　M1）

注　释

　　5.4m、3.6m 都为房间的中心线长，0.24m 为 2 个半墙厚，（5.4-0.24）m、（3.6-0.24）m 分别为房间的净长、净宽，1.0m 为门的宽，进户门处复合地板铺至外墙外边线，（1.0×0.12）m^2 为门的洞口开口面积。

（套用消耗量定额 11-52。）

② 清单工程量计算　清单工程量计算见表 1-21。

表 1-21　防静电活动地板清单工程量计算表

项目编码	项目名称	项目特征描述	计量单位	工程量
011104004001	防静电活动地板	婴儿房内木质活动式地板	m^2	17.46

（2）计算规则与注解

① 定额计算规则　防静电活动地板按设计图示尺寸，以实铺面积，加上门洞口面积计算。

② 清单工程量计算方法与定额工程量计算方法相同，均按设计图示尺寸以面积计算，包括门洞、空圈等开口部分的面积。

（3）要点点评

① 在计算防静电活动地板的工程量时，首先要明白其定额以及清单工程量的计算规则，然后结合图纸数据，计算时要特别注意门洞、空圈。

② 本题计算的是防静电活动地板的工程量，是以平方米为单位，用室内各个房间地面的面积加上门洞口的面积，即可准确计算出该题目中婴儿房的防静电活动地板的工程量。

1.3.5　踢脚线

1.3.5.1　水泥砂浆踢脚线

【例1-18】　如图1-23所示，试求踢脚线的工程量（门尺寸均为：1200mm×2100mm）。

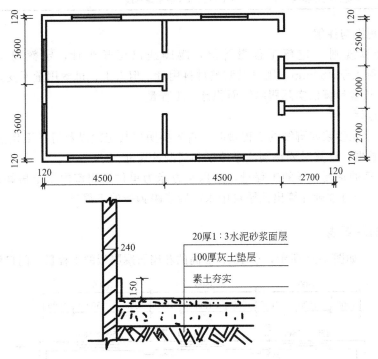

图1-23　室内整体楼地面示意图

【解】　（1）工程量计算

① 定额工程量计算

工程量＝[(3.6－0.24＋4.5－0.24)×2×2＋(4.5－0.24＋7.2－0.24)×2＋(2.7－0.24＋

2.7－0.24)×2＋(2.7－0.24＋2.0－0.24)×2－1.2×2×4－1.2]×0.15

＝60.40×0.15

＝9.06(m²)

（套用消耗量定额11-57。）

注 释

由图可知需要分别计算4个房间的净周长，(3.6-0.24)m为上面房间的净宽，
(4.5-0.24)m为上面房间的净长，0.24m为墙厚，(3.6-0.24＋4.5-0.24)×2×
2m为上、下两个房间的总周长，同理需要分别计算中间房间和右边房间的净周长。
最后，将4个房间的总周长相加，减去门的宽度，再乘以踢脚线的高度，即得到踢脚
线的工程量,(1.2×2×4-1.2)m是M1所占的长度。

② 清单工程量计算

$$工程量＝60.40×0.15＝9.06(m^2)$$

清单工程量计算见表1-22。

表 1-22　水泥砂浆踢脚线清单工程量计算表

项目编码	项目名称	项目特征描述	计量单位	工程量
011105001001	水泥砂浆踢脚线	150mm 高水泥砂浆踢脚线	m^2	9.06

（2）计算规则与注解

① 定额计算规则　定额工程量计算，踢脚线以延长米计，定额规定踢脚线高为150mm，若实际大于150mm，则可以调整材料用量，但人工、机械用量不变。

② 清单工程量计算以实际踢脚线面积计算工程量。

（3）要点点评

① 在计算水泥砂浆踢脚线的工程量时，首先要明白其定额以及清单工程量的计算规则，然后结合图纸数据，计算时要特别注意墙厚和门洞的尺寸。

② 本题计算的是踢脚线的工程量，是以平方米为单位，用室内各个房间的总周长乘以踢脚线的高度，即可准确计算出该题目中水泥砂浆踢脚线的工程量。

1.3.5.2　石材踢脚线

【例 1-19】　如图 1-24 所示，求 150mm 高的花岗石踢脚板的工程量（门口铺满花岗石）。

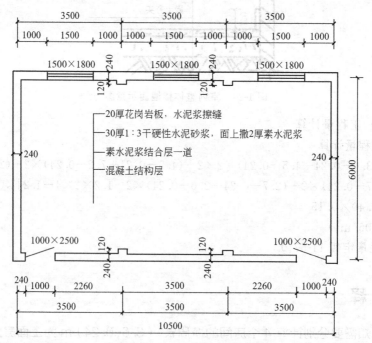

图 1-24　花岗岩地面示意图

【解】（1）工程量计算

① 定额工程量计算

$$花岗石踢脚板工程量＝[(10.5－0.24)＋(6－0.24)]×2－1×2＋0.12×8$$
$$＝31(m^2)$$

$$31×0.15＝4.65(m^2)$$

注 释

(10.5-0.24)m 为平面图净宽，(6-0.24)m 为净长，（1×2+0.12×8）m² 为外墙两个门洞面积，0.15m 为踢脚线的高。

（套用消耗量定额 1-010。）

② 清单工程量计算　清单工程量计算方法同定额工程量计算方法一样。

清单工程量计算见表 1-23。

表 1-23　石材踢脚线清单工程量计算表

项目编码	项目名称	项目特征描述	计量单位	工程量
011105002001	石材踢脚线	150mm 高花岗石踢脚板	m²	4.65

（2）计算规则与注解

① 定额计算规则　石材踢脚线以平方米为单位，定额规定踢脚线高为 150mm，若实际大于 150mm，则可以调整材料用量，但人工、机械用量不变。

② 清单工程量计算以实际踢脚线面积计算工程量。

（3）要点点评

① 在计算石材踢脚线的工程量时，首先要明白其定额以及清单工程量的计算规则，然后结合图纸数据，计算时要特别注意墙厚和门洞的尺寸。

② 本题计算的是踢脚线的工程量，是以平方米为单位，用室内各个房间的总周长减去两个门洞面积，再乘以踢脚线的高度，即可准确计算出该题目中石材踢脚线的工程量。

1.3.5.3　块料踢脚线

【例 1-20】　如图 1-25 所示，踢脚线为 150mm 高的陶瓷锦砖踢脚线（非成品），试求其工程量。

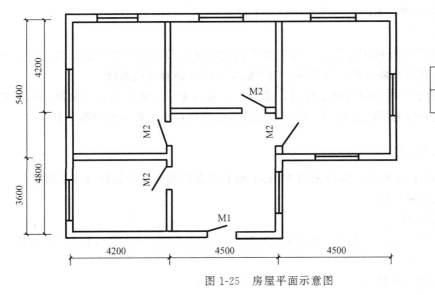

M1	1500×2100
M2	1200×2100

图 1-25　房屋平面示意图

【解】（1）工程量计算

① 定额工程量计算

$$工程量=[(5.4-0.24+4.2-0.24)\times2+(3.6-0.24+4.2-0.24)\times2+(4.2-0.24+$$
$$4.5-0.24)\times2+(4.8-0.24+4.5-0.24)\times2+(5.4-0.24+$$
$$4.5-0.24)\times2+0.24\times9-1.2\times2\times4-1.5)]\times0.15$$
$$=(18.24+14.64+16.44+17.64+18.84-8.94)\times0.15$$
$$=76.86\times0.15$$
$$=11.53(m^2)$$

（套用消耗量定额 11-59。）

注 释

由图可知，计算室内踢脚线长度时需分别计算室内每个房间的净周长，本题需要计算 5 个房间的净周长，（5.4-0.24）m 为左上房间的净长，（4.2-0.24）m 为左上房间的净宽，0.24m 为墙厚，（5.4-0.24+4.2-0.24）×2m 为左上房间的净周长，同理计算出其他 4 个房间的净周长。1.5m、1.2m 为 M1、M2 的宽，M2 为双面门且共有 4 个 M2,故（1.2×2×4，0.24×3+0.24）m² 是门垛所占的面积。

② 清单工程量计算　清单工程量计算方法同定额工程量计算方法。

清单工程量计算见表 1-24。

表 1-24　块料踢脚线清单工程量计算表

项目编码	项目名称	项目特征描述	计量单位	工程量
011105003001	块料踢脚线	150mm 高的陶瓷锦砖踢脚线（非成品）	m²	11.53

（2）计算规则与注解

① 定额计算规则　定额工程量按设计图示长度乘以高度以面积计算。

② 清单工程量计算以实际踢脚线面积计算工程量。

（3）要点点评

① 在计算块料踢脚线的工程量时，首先要明白其定额以及清单工程量的计算规则，然后结合图纸数据，计算时要特别注意墙厚、门洞的尺寸以及踢脚线的高度。

② 本题计算的是块料踢脚线的工程量，是以平方米为单位，用室内各个房间的总周长减去门垛面积，再乘以踢脚线的高度，即可准确计算出该题目中块料踢脚线的工程量。

1.3.5.4　塑料板踢脚线

【例 1-21】 如图 1-26 所示，室内采用 150mm 塑料板踢脚线，试计算踢脚线工程量。

【解】（1）工程量计算

① 定额工程量计算

$$工程量=[(4.2-0.24)\times8+(3.6-0.24)\times8-1.5\times2-1\times5+6\times0.24+0.12\times2]\times0.15$$
$$=7.84(m^2)$$

（套用消耗量定额 11-63。）

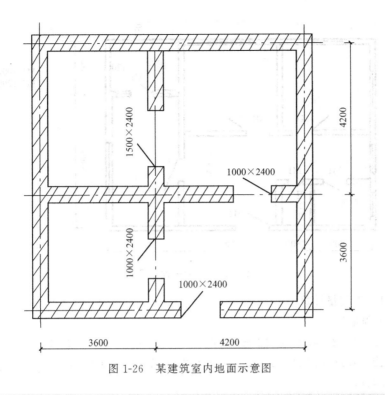

图 1-26 某建筑室内地面示意图

注 释

(4.2-0.24)m 为单个房间的净长，(3.6-0.24)m 为一个房间的净宽，0.15m 为踢脚线的高度。

② 清单工程量计算 清单工程量计算方法同定额工程量计算方法。

清单工程量计算见表 1-25。

表 1-25 塑料板踢脚线清单工程量计算表

项目编码	项目名称	项目特征描述	计量单位	工程量
011105004001	塑料板踢脚线	高 150mm	m²	7.84

（2）计算规则与注解

① 定额计算规则 工程量按设计图示长度乘以高度以面积计算。

② 清单工程量计算以实际踢脚线面积计算工程量。

（3）要点点评

① 在计算塑料板踢脚线的工程量时，首先要明白其定额以及清单工程量的计算规则，然后结合图纸数据，计算时要特别注意墙厚、门洞的尺寸以及踢脚线的高度。

② 本题计算的是塑料板踢脚线的工程量，是以平方米为单位，用室内各个房间的总周长，乘以踢脚线的高度，即可准确计算出该题目中塑料板踢脚线的工程量。

1.3.5.5 木质踢脚线

【例 1-22】 如图 1-27 所示，踢脚线为 150mm 高成品木踢脚线，试计算其工程量。

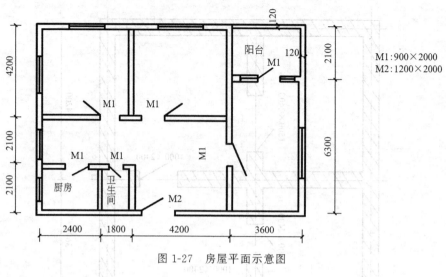

图 1-27 房屋平面示意图

M1：900×2000
M2：1200×2000

【解】（1）工程量计算

① 定额工程量计算

工程量＝(4.2－0.12＋4.2－0.12)＋(3.6－0.12＋3.6－0.12)×2×2＋(2.4＋1.8＋4.2－0.12＋4.2＋0.12)×2－0.9×8－1.2＋0.12×4＋0.06×2

＝53.4(m)

（套用消耗量定额 11-64。）

注 释

由图可知，需要分别计算出 4 个房间的净周长，（4.2-0.12＋4.2-0.12）×2×2m 为上面 2 个房间的净周长，同理分别计算出其他两个房间的净周长，即为(3.6-0.12＋6.3-0.12)×2m、(4.2-0.12＋8.4-0.12)×2m，不包括阳台、厨房、卫生间。

② 清单工程量计算

工程量＝68.88×0.15＝10.33(m²)

清单工程量计算见表 1-26。

表 1-26 木质踢脚线清单工程量计算表

项目编码	项目名称	项目特征描述	计量单位	工程量
011105005001	木质踢脚线	150mm 高成品木踢脚线	m²	11.38

（2）计算规则与注解

① 定额计算规则 踢脚线的工程量按设计图示长度乘以高度以面积计算。

② 踢脚线清单工程量按设计尺寸以平方米计算。

（3）要点点评

① 在计算木质踢脚线的工程量时，首先要明白其定额以及清单工程量的计算规则，然后结合图纸数据，计算时要特别注意墙厚、门洞的尺寸以及踢脚线的高度。

② 本题计算的是木质踢脚线的工程量，是以平方米为单位，用室内各个房间的总周长减去阳台、厨房、卫生间的周长，再乘以踢脚线的高度，即可准确计算出该题目中木质踢脚线的工程量。

1.3.5.6　金属踢脚线

【例 1-23】　如图 1-28 所示的平面图，该建筑采用金属踢脚线，高 200mm，试求该踢脚线的工程量。

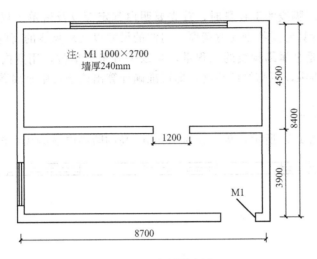

注：M1 1000×2700
墙厚240mm

图 1-28　底层示意图

【解】　（1）工程量计算

① 定额工程量计算

$$工程量=[(4.5-0.24)\times2+(8.7-0.24)\times4+(3.9-0.24)\times2-1.2\times2-1+$$
$$0.24\times2+0.12\times2]\times0.2$$
$$=(8.52+33.84+7.32-2.68)\times0.2$$
$$=9.4(\mathrm{m}^2)$$

（套用消耗量定额 11-65。）

注 释

4.5m、8.7m 都为北侧房间的中心线长，0.24m 为 2 个半墙厚，（4.5-0.24）m、（8.7-0.24）m 分别为北侧房间的净宽、净长，乘以 2 表示有 2 段尺寸相同的长度，3.9m 为南侧房间的中心线长，（3.9-0.24）m 为南侧房间的净宽，乘以 2 表示有 2 段尺寸相同的长度，1.2m 为洞口宽度，1m 为 M1 的宽度，0.2m 为踢脚线高。

② 清单工程量计算　清单工程计算方法与定额工程量计算方法相同。

清单工程量计算见表 1-27。

表 1-27 金属踢脚线清单工程量计算表

项目编码	项目名称	项目特征描述	计量单位	工程量
011105006001	金属踢脚线	金属踢脚线,高200mm	m²	9.4

（2）计算规则与注解

① 定额计算规则　金属踢脚线的工程量按设计图示长度乘以高度以面积计算。

② 踢脚线清单工程量按设计尺寸以平方米计算。

（3）要点点评

① 在计算金属踢脚线的工程量时，首先要明白其定额以及清单工程量的计算规则，然后结合图纸数据，计算时要特别注意墙厚、门洞的尺寸以及踢脚线的高度。

② 本题计算的是金属踢脚线的工程量，是以平方米为单位，用室内各个房间的总周长减去门洞的长度，再乘以踢脚线的高度，即可准确计算出该题目中金属踢脚线的工程量。

1.3.5.7　防静电踢脚线

【例 1-24】　如图 1-29 所示，踢脚线为 150mm 高的防静电踢脚线，试计算其工程量。

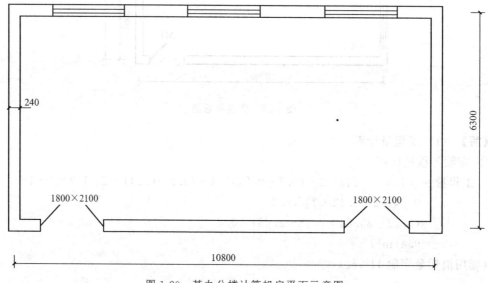

图 1-29　某办公楼计算机房平面示意图

【解】（1）工程量计算

① 清单工程量计算

$$工程量 = (10.8 - 0.24 + 6.3 - 0.24) \times 2 - 1.8 \times 2 \times 0.15$$
$$= 4.47 (m^2)$$

（套用消耗量定额 11-66。）

注 释

0.24m 为墙厚，10.8m、6.3m 分别为机房的中心线的长度和宽度，1.8m 为门的长度，踢脚线工程量按设计图示长度乘以高度以面积计算。

② 清单工程量计算　清单工程量计算见表1-28。

表 1-28　防静电踢脚线清单工程量计算表

项目编码	项目名称	项目特征描述	计量单位	工程量
011105007001	防静电踢脚线	高 150mm	m²	4.47

（2）计算规则与注解

① 定额计算规则　踢脚线的工程量按设计图示长度乘以高度以面积计算。

② 清单工程量计算方法与定额工程量计算方法相同。

（3）要点点评

① 在计算防静电踢脚线的工程量时，首先要明白其定额以及清单工程量的计算规则，然后结合图纸数据，计算时要特别注意墙厚、门洞的尺寸以及踢脚线的高度。

② 本题计算的是防静电踢脚线的工程量，是以平方米为单位，用机房的总周长减去门洞的长度，再乘以踢脚线的高度，即可准确计算出该题目中防静电踢脚线的工程量。

1.3.6　楼梯面层

1.3.6.1　石材楼梯面层

【例1-25】　某豪华宾馆现需装饰一楼梯，采用的面层材料为大理石，楼梯的具体尺寸如图1-30所示，此宾馆为五层高，试求装饰楼梯工程量并套用定额。

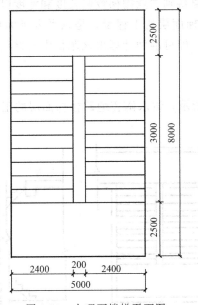

图 1-30　大理石楼梯平面图

【解】　（1）工程量计算

① 定额工程量计算

此楼梯其梯井宽为20cm，故此楼梯面层的工程量包括楼梯井。

$$宾馆楼梯的总工程量 = 5 \times (3 + 2.5 + 2.5) \times (5 - 1)$$
$$= 160.00(m^2)$$

注 释

5m 为楼梯的水平投影宽，3m 为楼梯的宽度，2.5m 为平台宽，（3+2.5+2.5）m 为楼梯的水平投影长，楼高为 5 层将有（5-1）个楼梯。

（套用消耗量定额 11-69。）

② 清单工程量计算 清单工程量计算见表 1-29。

表 1-29 石材楼梯面层清单工程量计算表

项目编码	项目名称	项目特征描述	计量单位	工程量
011106001001	石材楼梯面层	面层材料大理石	m²	160.00

（2）计算规则与注解

① 定额计算规则 按设计图示尺寸以楼梯（包括踏步、休息平台及小于等于 500mm 的楼梯井）水平投影面积计算。楼梯与楼地面相连时，算至梯口梁内侧边沿；无梯口梁者，算至最上一层踏步边沿加 300mm。

② 清单工程量计算方法与定额工程量计算方法相同。

（3）要点点评

① 在计算石材楼梯面层的工程量时，首先要明白其定额以及清单工程量的计算规则，然后结合图纸数据，计算时要特别注意楼梯投影长度和宽度以及梯井的宽度、楼梯的层数。

② 本题计算的是石材楼梯面层的工程量，是以平方米为单位，用楼梯投影长度乘以宽度，再乘以（楼梯层数－1），即可准确计算出该题目中石材楼梯面层的工程量。

1.3.6.2 块料楼梯面层

【例 1-26】 如图 1-31 所示，试求陶瓷地砖楼梯面层的工程量。

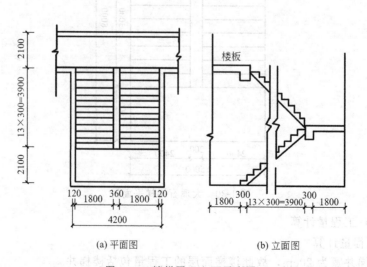

(a) 平面图　　(b) 立面图

图 1-31 楼梯平、立面示意图

【解】 （1）工程量计算。

① 定额工程量计算

$$定额工程量＝(0.3＋3.9＋0.3＋1.8)×(4.2－0.24)$$
$$＝24.47(m^2)$$

（套用消耗量定额11-69。）

注 释

陶瓷地砖楼梯面层的工程量按设计图示尺寸以水平投影面积计算，0.3m为梁宽，(2.1-0.12+3.9)m为楼梯面净宽，1.8m为楼梯的净长，(4.2-0.24)m为楼梯水平投影宽，(0.3+3.9+0.3+1.8)×(4.2-0.24)m²为楼梯水平投影面积。

② 清单工程量计算　清单工程量计算见表1-30。

表 1-30　块料楼梯面层清单工程量计算表

项目编码	项目名称	项目特征描述	计量单位	工程量
011106002001	块料楼梯面层	陶瓷地砖楼梯面层	m²	24.95

（2）计算规则与注解

① 定额计算规则　陶瓷地砖楼梯面层的工程量按设计图示尺寸以水平投影面积计算。

② 清单工程量计算方法与定额工程量计算方法相同。

（3）要点点评

① 在计算陶瓷地砖楼梯面层的工程量时，首先要明白其定额以及清单工程量的计算规则，然后结合图纸数据，计算时要特别注意楼梯投影长度和宽度以及梁的宽度、楼梯的层数。

② 本题计算的是石材楼梯面层的工程量，是以平方米为单位，用梁宽加上楼梯净长，乘以宽度，再乘以楼梯水平投影宽，即可准确计算出该题目中陶瓷地砖楼梯面层的工程量。

1.3.6.3　现浇水磨石楼梯面层

【例1-27】　图1-32为某五层建筑楼梯设计图，试求普通水磨石面层工程量。不包括楼梯踢脚线，底面、侧面抹灰（楼顶不上人）。

【解】（1）工程量计算

① 定额工程量计算

$$定额工程量＝[(1.65－0.12＋3.6)×(3.9－0.24)]×(5－1)$$
$$＝18.78×4$$
$$＝75.10(m^2)$$

注 释

由图知楼梯井宽是0.2m，小于0.5m，所以应算上其面积。(1.65-0.12+3.6)m是楼梯的净长，(3.9-0.24)m是楼梯的净宽，0.24m是墙厚，(5-1)是楼梯的个数。

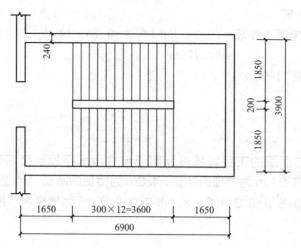

图 1-32 楼梯平面图

说明：楼梯井宽小于500mm，不扣除梯井面积。

② 清单工程量计算　清单工程量计算见表1-31。

表 1-31　现浇水磨石楼梯面清单工程量计算表

项目编码	项目名称	项目特征描述	计量单位	工程量
011106003001	现浇水磨石楼梯面	普通现浇水磨石面层	m²	75.12

（2）计算规则与注解

① 定额计算规则　陶瓷地砖楼梯面层的工程量按设计图示尺寸以水平投影面积计算。

② 清单工程量计算方法与定额工程量计算方法相同。

（3）要点点评

① 在计算陶瓷地砖楼梯面层的工程量时，首先要明白其定额以及清单工程量的计算规则，然后结合图纸数据，计算时要特别注意楼梯投影长度和宽度以及梁的宽度、楼梯的层数。

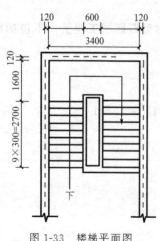

图 1-33 楼梯平面图

② 本题计算的是石材楼梯面层的工程量，是以平方米为单位，用梁宽加上楼梯净长，乘以宽度，再乘以楼梯水平投影宽，即可准确计算出该题目中陶瓷地砖楼梯面层的工程量。

1.3.6.4　地毯楼梯面层

【例1-28】　如图1-33所示，梯井宽600mm，试求某住宅地毯楼梯面层的工程量。

【解】（1）工程量计算

① 定额工程量计算

工程量 $= 3.4 \times (2.7 + 1.6 + 0.3) - 2.7 \times 0.6$

　　　　$= 14.02 \ (m^2)$

（套用消耗量定额11-69。）

注 释

　　3.4m 为楼梯的水平投影宽，2.7m 为楼梯总宽，1.6m 为平台宽，0.3m 为楼梯最上层踏步加的 300mm，2.7m 为楼梯井长，0.6m 为楼梯井宽。

　　② 清单工程量计算　清单工程量计算见表 1-32。

表 1-32　地毯楼梯面层清单工程量计算表

项目编码	项目名称	项目特征描述	计量单位	工程量
011106006001	地毯楼梯面层	住宅地毯楼梯面层	m²	14.02

　　（2）计算规则与注解
　　① 定额计算规则　地毯楼梯面层的工程量按设计图示尺寸以水平投影面积计算。
　　② 清单工程量计算方法与定额工程量计算方法相同。
　　（3）要点点评
　　① 在计算地毯楼梯面层的工程量时，首先要明白其定额以及清单工程量的计算规则，然后结合图纸数据，计算时要特别注意楼梯投影长度和宽度以及楼梯井的尺寸。
　　② 本题计算的是地毯楼梯面层的工程量，是以平方米为单位，用楼梯总宽加上平台宽，再加上楼梯最上层踏步，再乘以楼梯水平投影宽，再减去楼梯井的面积，即可准确计算出该题目中住宅地毯楼梯面层的工程量。

1.3.6.5　木板楼梯面层

　　【例 1-29】　如图 1-34 所示的楼梯平面图，无梯口梁，该楼梯采用了木质材料，试求该楼梯的工程量。

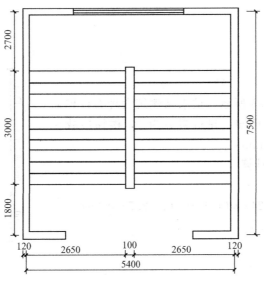

图 1-34　楼梯平面图

【解】（1）工程量计算

① 定额工程量计算

$$工程量 = (5.4-0.24)\times(3+2.7+0.3-0.12)$$
$$= 5.16\times5.88$$
$$= 30.34(m^2)$$

（套用消耗量定额 11-76。）

注 释

（5.4-0.24）m 为楼梯井的水平投影宽，0.24m 为 2 个半墙厚，3m 为楼梯总宽，2.7m 为平台宽，0.12m 为一个半墙厚。

② 清单工程量计算   清单工程量计算见表 1-33。

表 1-33   木板楼梯面层清单工程量计算表

项目编码	项目名称	项目特征描述	计量单位	工程量
011106007001	木板楼梯面层	木质材料楼梯面	m²	30.34

（2）计算规则与注解

① 定额计算规则   木板楼梯面层的工程量按设计图示尺寸以水平投影面积计算。

② 清单工程量计算方法与定额工程量计算方法相同。

（3）要点点评

① 在计算木板楼梯面层的工程量时，首先要明白其定额以及清单工程量的计算规则，然后结合图纸数据，计算时要特别注意楼梯投影长度和宽度以及平台宽。

② 本题计算的是木板楼梯面层的工程量，是以平方米为单位，用平台宽度＋楼梯总宽之和，再乘以楼梯井的水平投影宽，即可计算出本题中木质材料楼梯面的工程量。

1.3.7   台阶装饰

1.3.7.1   石材台阶面

【例 1-30】   如图 1-35 所示，试求某建筑大理石楼梯面层工程量并套用定额（已知：建筑层数为 4，楼梯层数＝4-1＝3，平台梁宽 250mm）。

【解】（1）工程量计算

① 定额工程量计算

$$工程量 = (3.6-0.24)\times(1.1-0.12+2.7+0.25)$$
$$= 3.36\times3.93$$
$$= 13.20(m^2)$$

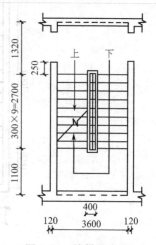

图 1-35   楼梯示意图

注　释

(3.6-0.24)m 为楼梯的水平投影宽，0.24m 为 2 个半墙厚，（1.1-0.12）m 为平台宽，0.12m 为半墙厚，2.7m 为楼梯宽，0.25m 为平台梁宽。

（套用消耗量定额 11-81。）

② 清单工程量计算　清单工程量计算见表 1-34。

表 1-34　石材台阶面层清单工程量计算表

项目编码	项目名称	项目特征描述	计量单位	工程量
011107001001	石材台阶面层	大理石楼梯台阶面	m²	13.20

（2）计算规则与注解

① 定额计算规则　按设计图示尺寸以台阶（包括最上层踏步边沿加 300mm）水平投影面积计算。

② 清单工程量计算方法与定额工程量计算方法相同。

（3）要点点评

① 在计算石材台阶面层的工程量时，首先要明白其定额以及清单工程量的计算规则，然后结合图纸数据，计算时要特别注意楼梯投影长度和宽度以及平台宽。

② 本题计算的是石材台阶面层的工程量，是以平方米为单位，用平台宽度＋楼梯总宽之和，再乘以楼梯的水平投影宽，即可计算出本题中大理石楼梯台阶面的工程量。

1.3.7.2　水泥砂浆台阶面

【例 1-31】　如图 1-36 所示，台阶面层为 20mm 厚的 1∶2.5 水泥砂浆面层，试求其工程量。

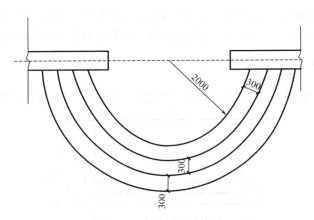

图 1-36　台阶平面示意图

【解】　（1）工程量计算

① 定额工程量计算

$$工程量=\frac{1}{2}\pi(2+0.3\times3)^2-\frac{1}{2}\pi(2-0.3)^2$$
$$=13.2037-4.5373$$
$$=8.67(m^2)$$

（套用消耗量定额 11-79。）

注 释

$\frac{1}{2}\pi(2+0.3\times3)^2m^2$ 为半圆形台阶加平台的总面积，$\frac{1}{2}\pi(2-0.3)^2m^2$ 为除去踏步最上一层台阶加的 300mm 以后平台的面积，$\frac{1}{2}\pi(2+0.3\times3)^2-\frac{1}{2}\pi(2-0.3)^2m^2$ 为包括沿踏步最上一层台阶加的 300mm 的台阶的总面积。

② 清单工程量计算　清单工程量计算见表 1-35。

表 1-35　水泥砂浆台阶面清单工程量计算表

项目编码	项目名称	项目特征描述	计量单位	工程量
011107002001	水泥砂浆台阶面	台阶面层为 20mm 厚 1:2.5 水泥砂浆面层	m²	2.97

（2）计算规则与注解

① 定额计算规则　水泥砂浆台阶面的工程量按设计图示尺寸以水平投影面积计算。

② 清单工程量计算方法与定额工程量计算方法相同。

（3）要点点评

① 在计算水泥砂浆台阶面的工程量时，首先要明白其定额以及清单工程量的计算规则，然后结合图纸数据，计算时要特别注意装饰台阶的尺寸。

② 本题计算的是水泥砂浆台阶面的工程量，是以平方米为单位，用半圆形台阶加平台的总面积，除去踏步最上一层台阶加的 300mm 以后平台的面积，即可计算出本题中包括沿踏步最上一层台阶加的 300mm 的台阶的总面积，即水泥砂浆台阶面的工程量。

1.3.7.3　现浇水磨石台阶面

【例 1-32】　求如图 1-37 所示的水磨石楼地面、水磨石台阶和台阶混凝土的工程量。

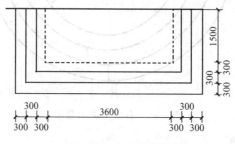

图 1-37　台阶示意图

【解】　（1）工程量计算

① 定额工程量计算 台阶按水平投影面积计算。

工程量＝5.4×2.4－5.4

$\qquad$ ＝7.56（m²）

（套用消耗量定额 11-81。）

■ 注 释

上式中 5.4(即 3.6+0.3×3×2)m 为台阶投影宽，2.4(即 1.5+0.3×3)m 为其投影长，第二个 5.4m² 为最上层平台面积。

② 清单工程量计算 清单工程量计算见表 1-36。

表 1-36 现浇水磨石台阶面清单工程量计算表

项目编码	项目名称	项目特征描述	计量单位	工程量
011107003001	现浇水磨石台阶面	现浇水磨石台阶面层	m²	7.56

（2）计算规则与注解

① 定额计算规则 台阶面层按设计图示尺寸以台阶（包括最上层踏步边沿加 300mm）水平投影面积计算，当台阶与平台连接时，其分界线应以最上层踏步外沿加 30cm 计算。平台按相应地面定额计算。

② 清单工程量计算方法与定额工程量计算方法相同。

（3）要点点评

① 在计算水泥砂浆台阶面的工程量时，首先要明白其定额以及清单工程量的计算规则，然后结合图纸数据，计算时要特别注意台阶投影的尺寸。

② 本题计算的是现浇水磨石台阶面的工程量，是以平方米为单位，用台阶投影宽乘以其投影长，再减去最上层平台面积，即可计算出本题中现浇水磨石台阶面工程量。

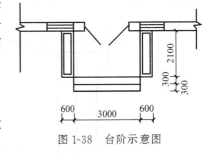

图 1-38 台阶示意图

1.3.7.4 剁假石台阶面

【例 1-33】 某建筑物台阶如图 1-38 所示，试计算现浇剁假石台阶面层工程量。

【解】（1）工程量计算

① 定额工程量计算 台阶的工程量以水平投影面积计算，包括平台部分的一个踏步宽度。

现浇剁假石台阶面层工程量＝(3+0.6×2)×0.3×3+(2.1－0.3)×0.3×3

$\qquad$ ＝5.4(m²)

（套用消耗量定额 11-84。）

注 释

（3+0.6×2)m 为台阶的水平投影长，（0.3×3）m 为包括最上层踏步加的 300mm 后台阶的水平投影宽。

② 清单工程量计算　清单工程量计算见表 1-37。

表 1-37　剁假石台阶面清单工程量计算表

项目编码	项目名称	项目特征描述	计量单位	工程量
011107003001	剁假石台阶面	建筑物台阶现浇剁假石台阶面层	m²	5.4

（2）计算规则与注解

① 定额计算规则　剁假石台阶面的工程量按设计图示尺寸以水平投影面积计算。

② 清单工程量计算方法与定额工程量计算方法相同。

（3）要点点评

① 在计算剁假石台阶面的工程量时，首先要明白其定额以及清单工程量的计算规则，然后结合图纸数据，计算时要特别注意台阶的水平投影长度和宽度以及平台部分的尺寸。

② 本题计算的是剁假石台阶面的工程量，是以平方米为单位，用台阶的水平投影长乘以包括最上层踏步加的 300mm 后台阶的水平投影宽，再加上平台部分的一个踏步宽度，即可计算出本题中包括沿踏步最上一层台阶加的 300mm 的台阶的总面积，即建筑物台阶现浇剁假石台阶面层的工程量。

1.3.7.5　块料台阶面

【例 1-34】　如图 1-39 所示，某楼门前台阶镶贴陶瓷锦砖面层，试计算其工程量。

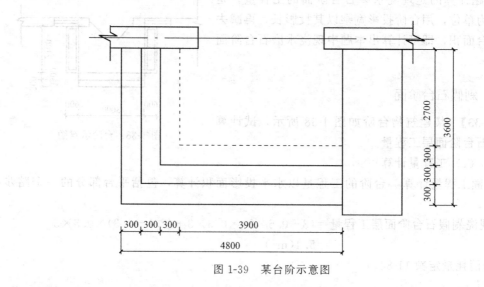

图 1-39　某台阶示意图

【解】（1）工程量计算

① 定额工程量计算

$$工程量 = 4.8 \times 3.6 - 3.9 \times 2.7$$
$$= 6.75 (m^2)$$

（套用消耗量定额 11-81。）

■■■ 注 释

（4.8×3.6）m^2 为轴中心线台阶的面积，（3.9×2.7）m^2 为中间平台部分的面积。

② 清单工程量计算　工程量同定额工程量：
$$S = 6.75 m^2$$

清单工程量计算见表 1-38。

表 1-38　清单工程量计算表

项目编码	项目名称	项目特征描述	计量单位	工程量
011107005001	块料台阶面	陶瓷锦砖	m^2	6.75

（2）计算规则与注解

① 定额计算规则　块料台阶面的工程量按设计图示尺寸以水平投影面积计算。

② 清单工程量计算方法与定额工程量计算方法相同。

（3）要点点评

① 在计算块料台阶面的工程量时，首先要明白其定额以及清单工程量的计算规则，然后结合图纸数据，计算时要特别注意台阶的水平投影长度和宽度以及空余平台部分的尺寸。

② 本题计算的是剁假石台阶面的工程量，是以平方米为单位，用整个图示尺寸的面积减去中间空白部分的面积，就是题目中所要计算的块料台阶面层的工程量。

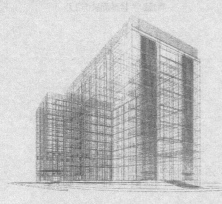

第 2 章 墙、柱面装饰与隔断、幕墙工程

2.1 知识引导讲解

2.1.1 术语导读

（1）墙面装饰 指建筑物空间垂直面的装饰，包括墙面及柱面。墙面装饰没有明确的分类方法，除按内墙面装饰和外墙面装饰划分外，也可按饰面的装饰材料划分。本部分按不同材质分为一般抹灰及装饰抹灰、镶贴块料面层、墙柱面龙骨基层、面层、装饰隔断、玻璃幕墙。

（2）砂浆 由胶凝材料、细骨料和水按适当比例配制而成的。砂浆在建筑工程中用量大、用途广。例如在砌体结构中，砂浆可以把单块的砖、石以及砌块胶结起来，构成砌体；大型模板和各种构件接缝也离不开砂浆，砂浆还可以用来饰面，满足装饰要求和保护结构。

（3）配合比 指在拌制砂浆或混凝土时所用的水泥、石子、砂的比例，分为重量比和体积比，本章以后涉及的抹灰砂浆配合比均指重量比。

（4）水灰比 指在拌制砂浆或混凝土时，所用的水和水泥的重量比，它是决定砂浆和混凝土强度的主要因素之一。

（5）稠度 即流动性，是指砂浆在自重或外力作用下流动的性能，工地上常凭施工操作经验来掌握，在实验室用沉入度来表示。

（6）保水性 指砂浆保持水分的能力。保水性好的砂浆施工中不易产生泌水、分层现象。

（7）抹灰 指用砂浆抹在建筑房屋或构筑物的墙、顶、地等表面的一种装修过程。一般由底层、中层及表层组成。其各层厚度和使用砂浆品种应视基层材料、部位、质量标准以及气候而定，如图 2-1 所示。

（8）抹灰工程 用灰浆涂抹在建筑物表面，起到找平、装饰、保护建筑物的作用。一般主要在建筑物的内外墙、地面、顶棚上进行的一种装饰工艺。按建筑物要求装饰效果的不同，抹灰工程分为一般抹灰和装饰抹灰，墙、柱面抹灰的组成如图 2-2 所示。

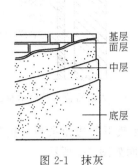

图 2-1 抹灰

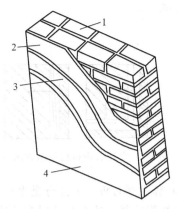

图 2-2 墙、柱面抹灰的组成
1—墙体；2—底层；3—中层；4—面层

（9）装饰抹灰 指能给建筑物以装饰效果的抹灰。主要包括拉条灰、甩毛灰、斩假石、水刷石、水磨石、干粘石、喷涂、弹涂、喷砂、滚涂等抹灰施工。装饰抹灰不但有一般抹灰工程同样的功能，而且在材料、工艺、外观上更具有特殊的装饰效果。其特殊之处在于可使建筑物表面光滑、平整、清洁、美观，在满足人们审美需要的同时，还能给予建筑物独特的装饰形式和色彩。

（10）装饰线 天棚或墙面四周的装饰线条称为装饰线。有三道或五道之分，如图 2-3 所示。

（11）勾缝 指大理石与大理石之间留有 10mm 以内的缝口，其缝口用密封胶勾满填实，保持墙面的整体性。

（12）挂贴大理石板 即为挂贴法，又称镶贴法。先在墙柱基面上预埋入铁件，固定 $\phi 6mm$ 的钢筋网（纵向钢筋间距为 300～500mm，横向钢筋间距应与板材尺寸相适应），同时在石板的上、下部位钻孔，穿上铜丝与钢筋网扎接。用木楔调节石板与基面的间隙宽度，待一排石板的石面调整平整并固定好后，用 1：2 或 1：2.5 水泥砂浆灌缝（层厚 150～200mm），待面层全部挂贴完成后，用白水泥浆嵌缝，最后清洁表面，打蜡上光。柱挂石板如图 2-4 所示。

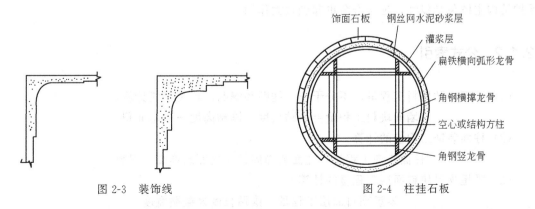

图 2-3 装饰线　　　　　　图 2-4 柱挂石板

（13）干粉型黏结剂粘贴大理石 大理石块材规格 500mm×500mm。构造：厚 12mm 的 1：3 水泥砂浆打底，用干粉型黏结剂粘贴大理石 6.5kg/m²。零星项目增 11% 的材料用量。干粉型黏结剂粘贴大理石不分砖墙面、混凝土墙面，其构造相同。做法如图2-5、图2-6所示。

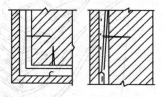 

图 2-5　大理石板材粘贴示意图（一）　　　图 2-6　大理石板材粘贴示意图（二）

（14）碎大理石板　大部分是生产规格石材中经磨光后截下的边角余料，按其形状可分为非规格矩形块料、冰裂状块料和毛边碎块。碎拼石材饰面如图2-7所示。

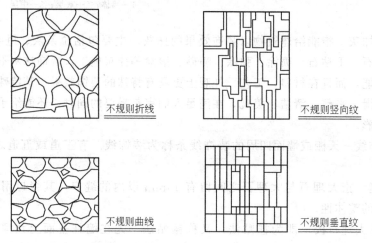

图 2-7　碎拼石材饰面

（15）饰面　是指以金属或木质材料为骨架或框架，在其表面用装饰面板所形成的墙面和柱面。它与以砖墙柱和混凝土墙柱为基层进行的表面装饰是有一定区别的。

（16）墙、柱面装饰　指建筑物空间垂直面的装饰。按其所处的位置不同，墙、柱面装饰可分为室内墙、柱面装饰和室外墙、柱面装饰。墙、柱面装饰除了美化建筑物外，同时对保护结构主体免受侵蚀，延长寿命也起到很大作用。

2.1.2　公式索引

（1）墙面镶贴块料工程量，不分干挂、挂贴和镶贴，均按下式计算：

墙面块料工程量＝镶贴长度×镶贴高度－未贴面积

（2）柱面装饰工程量的计算

柱面装饰工程量＝柱面装饰周长×柱面装饰高×根数

（3）零星项目块料面层工程量的计算

零星项目面层工程量＝镶贴长度×镶贴宽度

（4）墙裙工程量的计算

墙裙工程量＝（内墙净长＋内墙净宽）×墙裙高－大于0.3m² 的孔洞面积

（5）内墙装饰工程量的计算

① 瓷砖内墙裙工程量

$$瓷砖内墙裙工程量＝墙裙净长×净高$$

② 水泥砂浆内墙裙工程量

$$水泥砂浆内墙裙工程量＝墙裙净长×净高$$

③ 混合砂浆内墙面工程量

a. 当不扣墙裙面积时：

$$工程量＝（S_{内净}×2＋S_{外净}）×净高$$

b. 扣除墙裙面积时：

$$工程量＝（S_{内净}×2＋S_{外净}）×（净高－墙裙高）$$

式中 $S_{内净}$——内墙体中扣除洞口的净面积；

$S_{外净}$——外墙体中扣除洞口的净面积。

内墙抹灰总面积的计算也可以逐房间计算，然后相加并扣除洞口面积，即为 $\sum$（室内净周长×高度－洞口面积）。这种算法，从公式看计算方法是准确的，但往往需要列多个算式，列式多了，算错的概率也就大了，实践证明，大工程、平面布置较复杂的工程，利用墙体中已经算出的数字 $S_{内净}$、$S_{外净}$ "框算"，既省时，又接近实际，比较准确。

④ 内墙粉刷工程量：同③的工程量。

（6）外墙装饰工程量的计算

① 外墙基本为勾缝时：

$$水泥砂浆外墙裙工程量＝（L_{外}－门洞宽）×墙裙高$$

$$外墙勾缝工程量＝L_{外}×（H_{差}＋H＋H_{女}）－外墙裙$$

式中 $L_{外}$——外墙外围周长；

$H_{差}$——室内外高差；

H——墙高；

$H_{女}$——有女儿墙的为女儿墙高。

外墙上圈梁构造柱抹灰时按实际抹灰面积计算。

② 外墙抹灰或贴块料时：

$$工程量＝L_{外}×（H_{差}＋H＋H_{女}）－门窗洞口面积＋窗洞侧面面积$$

$$窗洞口侧面面积＝\sum（洞高＋洞宽）×2×墙厚$$

$$门洞口侧面面积＝\sum（洞高×2＋洞宽）×墙厚$$

式中 $\sum$——各种不同大小门窗洞口侧面面积之和。

以上公式适用于窗的种类少的情况。

③ 外墙装饰的框算法，有时施工单位承包工程或向班组分包工程需要框算工程量，需快算但精确度可低些，此时可用下式：

$$工程量＝L_{外}×（H_{差}＋H＋H_{女}）－洞口面积$$

外墙为240mm时：

$$洞口面积＝门窗洞口面积(m^2)×（70\%～75\%）$$

外墙为370mm时：

$$洞口面积＝门窗洞口面积(m^2)×（55\%～60\%）$$

2.1.3 参数列表

灰浆配合比见表 2-1～表 2-8。

表 2-1　水泥砂浆用料参考配合比

名　称	单位	每立方米水泥砂浆中的数量					
325#水泥	kg	812	517	438	379	335	300
天然砂	m³	0.81	1.05	1.12	1.17	1.21	1.24
天然净砂	kg	999	1305	1387	1448	1494	1530
水	kg	360	350	350	350	340	340
(体积比)配合比	—	—	1 : 1	1 : 2	1 : 2.5	1 : 3	1 : 3.5	1 : 4

表 2-2　石灰砂浆用料参考配合比

名称	单位	每立方米水泥砂浆中的数量				
生石灰	kg	399	274	235	207	214
石灰膏	m³	0.64	0.44	0.38	0.33	0.30
天然砂	m³	0.85	1.01	1.05	1.09	1.10
天然净砂	kg	1047	1247	1035	1351	1363
水	kg	460	380	360	350	360
(体积比)配合比	—	1 : 1	1 : 2	1 : 2.5	1 : 3	1 : 3.5

表 2-3　水泥石灰混合砂浆参考配合比

名称	单位	每立方米水泥砂浆中的数量					
325#水泥	kg	361	282	397	261	195	121
生石灰	kg	56	74	208	136	140	190
石灰膏	m³	0.09	0.12	0.33	0.22	0.16	0.30
天然砂	m³	1.03	1.08	0.84	1.03	1.03	1.10
天然净砂	kg	1270	1331	1039	1275	1275	1362
水	kg	350	350	390	360	340	360
(体积比)配合比	—	1 : 0.3 : 3	1 : 0.5 : 4	1 : 1 : 2	1 : 1 : 4	1 : 1 : 6	1 : 3 : 9

表 2-4　滚涂饰面带色砂浆重量配合比

种类	白水泥	水泥	砂子	107胶	水	颜料	备注
灰色	100	10	110	22	33	—	1. 要求较高的建筑物可用二元乳液代替107胶。
绿色	100	—	100	20	33	氧化铬绿	
	—	100	100	20	33		2. 木质素磺酸钙掺量0.3%

表 2-5　弹涂色浆配合比

项目	水泥	颜料	水	聚乙烯醇缩甲醛胶
刷底色浆	普通硅酸盐水泥100	适量	90	20
刷底色浆	白水泥100	适量	80	13
弹花点	普通硅酸盐水泥100	适量	55	14
弹花点	白水泥100	适量	45	10

表 2-6　常用其他灰浆用料参考配合比

项目		素水泥浆	麻刀灰浆	麻刀混合灰浆	纸筋灰浆
名称	单位	/(kg/m³)	/(kg/m³)	/(kg/m³)	/(kg/m³)
325#水泥		1888	—	60	—
生石灰			634	639	554
纸筋	kg	—	—	—	153
麻刀		—	10.23	10.23	—
水		390	700	700	610

表 2-7　每 1m³ 石灰膏用灰量

块:粉	10:0	9:1	8:2	7:3	6:4	5:5	4:6	3:7	2:8	1:9	0:10
用灰量/kg	554.6	572.4	589.9	608.0	625.8	643.6	661.4	679.2	697.1	714.9	732.7
系数	0.88	0.91	0.94	0.97	1.00	1.02	1.05	1.08	1.11	1.14	1.11

表 2-8　水泥石粒浆配合比

配合比(体积比)		1:1	1:2.5	1:1.5	1:2	1:2.5	1:3
名　称	单　位			数　　量			
325#水泥	kg	956	862	767	640	549	481
黑白石子	m³	1.17	1.29	1.40	1.56	1.68	1.76
水	m³	0.28	0.27	0.26	0.24	0.23	0.22

2.2　细解经典图形

（1）图形识读　图 2-8 为某人工砌筑雨篷示意图，图 2-8（a）为某雨篷平面示意图，图 2-8（b）为该雨篷剖面示意图。

（2）图形分析　结合图形可以看出，此开挖地坑上、下截面都是由两个不同的矩形组成的。上图的图形为该雨篷顶部平面图，下图的图形为该雨篷底部的剖面图。雨篷的顶部需要做水泥砂浆抹灰工程，底部需要做石灰砂浆抹灰工程。

（3）图中数据解析　图中 2100mm 指的是该雨篷顶部、底部的长度，900mm 为该雨篷顶部、底部的宽度，1.2 为系数，详细了解了图中各数据的含义，再结合计算规则和计算公式即可算出所求工程量。

（4）计算小技巧　如图 2-8 所示，若求零星项目的一般抹灰，则可以先计算雨篷顶部抹灰的工程量，再计算其底部抹灰的工程量，然后得出的就是需要求的零星项目进行一般抹灰的工程量。本例图形比较简单，直接套用矩形的面积计算公式 $S = 1.2ab + ab$（a、b 分别为该图形的长度和宽度），即可计算出雨篷一般抹灰的工程量，$1.2ab$ 为雨篷顶部工程量，ab为其底部抹灰工程量，1.2 是系数。

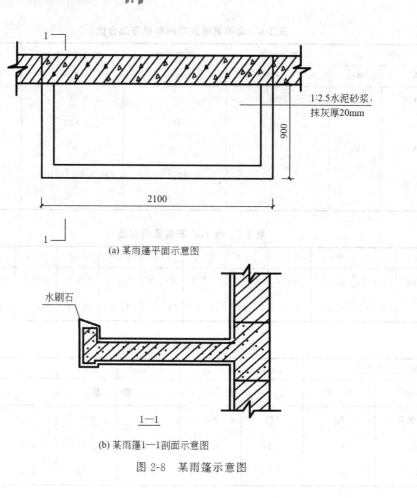

(a) 某雨篷平面示意图

1:2.5水泥砂浆，抹灰厚20mm

900

2100

水刷石

1—1

(b) 某雨篷1—1剖面示意图

图 2-8　某雨篷示意图

2.3 典型实例

2.3.1 墙面抹灰

2.3.1.1 墙面一般抹灰

【例 2-1】 求如图 2-9 所示黑板抹水泥砂浆工程量。

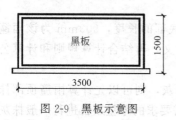

黑板

1500

3500

图 2-9　黑板示意图

① 定额工程量计算

（套用消耗量定额 12-1。）

💡 注：本章定额凡注明砂浆种类、配合比、饰面材料及型材的型号规格与设计不同时，可按设计规定调整，但人工、机械消耗量不变。抹灰砂浆厚度，如设计与定额取值不同时，除定额有注明厚度的项目可以换算外，其他一律不作调整。

【解】 （1）工程量计算

$$工程量 = 3.5 \times 1.5$$
$$= 5.25(m^2)$$

注 释

抹水泥砂浆工程量按图示尺寸面积计算，用平方米表示，3.5m 为黑板宽，1.5m 为其长。

② 清单工程量计算　清单工程量计算见表 2-9。

表 2-9　墙面一般抹灰清单工程量计算表

项目编码	项目名称	项目特征描述	计量单位	工程量
011201001001	墙面一般抹灰	水泥砂浆	m²	5.25

（2）计算规则与注解

① 定额计算规则　墙面一般抹灰工程量按设计图示尺寸以面积计算。扣除墙裙、门窗、洞口及单个大于 0.3m² 的孔洞面积，不扣除踢脚线、挂镜线和墙与构件交接处的面积，门窗、洞口和孔洞的侧壁及顶面不增加面积。附墙柱、梁、垛、烟囱侧壁并入相应的墙面面积内。外墙抹灰面积按外墙垂直投影面积计算，外墙裙抹灰面积按其长度乘以高度计算，内墙抹灰面积按主墙间的净长乘以高度计算。

② 清单工程量计算方法同定额工程量计算方法一样。

（3）要点点评

① 在计算墙面抹灰工程量时，首先要明白其定额以及清单工程量的计算规则，然后结合图纸数据，要特别注意扣除墙厚、门洞、空圈的工程量。

② 本题计算时可先计算黑板抹水泥砂浆工程量，本例题图形简单易懂，用黑板的长度乘以宽度，计算出的面积即为该黑板抹灰的工程量。

2.3.1.2　墙面装饰抹灰

【例 2-2】　试求如图 2-10 所示内墙面喷涂的工程量（墙高 3m）。

【解】　（1）工程量计算

① 定额工程量计算

墙面喷涂的工程量＝$[(3.0-0.24)\times4+(5.0-0.24)\times4]\times3-1.8\times1.8\times2-0.9\times2.1\times2-1\times2.7$

$=77.28(m^2)$

（套用消耗量定额 14-213。）

注 释

（3.0-0.24）m 为一个房间横向墙内边线长，4 为上下左右四面，（5.0-0.24）m 为纵向墙内边线长，4 为外墙两内侧和内墙两面。（1.8×1.8×2）m² 为窗户的面积，1.8m 为窗宽，1.8m 为窗高，2 为窗的个数。（0.9×2.1×2）m² 为内墙门洞口的面积，0.9m 为门宽，2.1m 为门高。（1×2.7）m² 为外墙门的面积，1m 为门宽，2.7m 为门高。

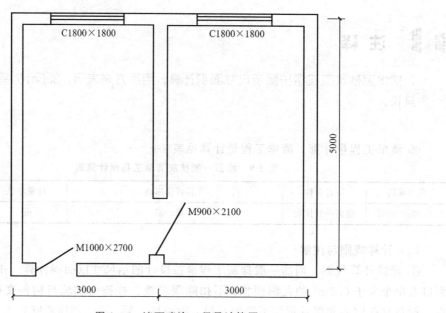

图 2-10 墙面喷涂工程量计算图

② 清单工程量计算 清单工程量计算见表 2-10。

表 2-10 墙面装饰抹灰清单工程量计算表

项目编码	项目名称	项目特征描述	计量单位	工程量
011201002001	墙面装饰抹灰	墙面喷涂	m²	77.28

（2）计算规则与注解

① 定额计算规则 墙面装饰抹灰工程量按设计图示尺寸以面积计算。扣除墙裙、门窗、洞口及单个大于 0.3m² 的孔洞面积，不扣除踢脚线、挂镜线和墙与构件交接处的面积，门窗、洞口和孔洞的侧壁及顶面不增加面积。附墙柱、梁、垛、烟囱侧壁并入相应的墙面面积内。

② 清单工程量计算方法同定额工程量计算方法一样。

（3）要点点评

① 在计算墙面装饰抹灰工程量时，首先要明白其定额以及清单工程量的计算规则，内墙抹灰面积按主墙间的净长乘以高度计算，然后结合图纸数据，要特别注意内墙边线和门洞的尺寸。

② 本题计算时可先计算的是内墙面喷涂工程量，用内外墙喷涂工程量减去两扇窗户和两个门洞的工程量，计算出的结果即为该墙面喷涂的工程量。

2.3.1.3 墙面勾缝

【例 2-3】 试求如图 2-11 所示外墙勾缝工程量（外墙为 1∶1.5 水泥砂浆勾缝）。

【解】 （1）工程量计算

① 定额工程量计算

$$墙面勾缝工程量 = (12+0.24+7.2+0.24+2.1) \times 2 \times (3.6-0.9)$$
$$= 21.78 \times 2 \times 2.7$$
$$= 117.61(m^2)$$

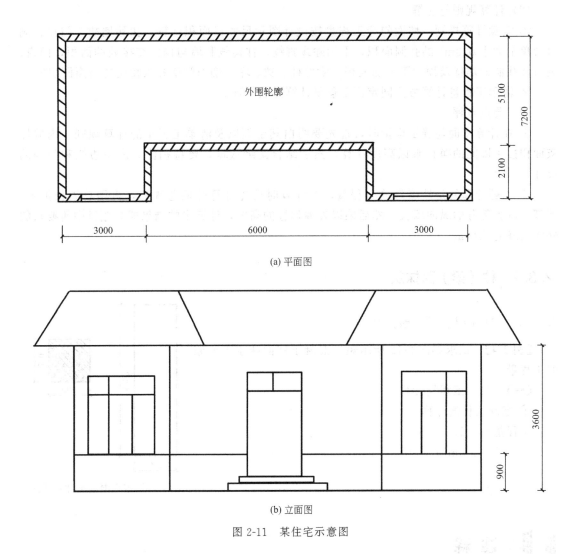

(a) 平面图

(b) 立面图

图 2-11　某住宅示意图

注 释

　　12m 为外墙中心线长，7.2m 为外墙中心线宽，0.24m 为墙厚，2.1m 为下部凹进去部分的纵向墙长。 (3.6-0.9)m 为外墙勾缝的高度。

（套用基础定额 11-64。）

（套用全国统一建筑工程基础定额 GJD-101-95。）

② 清单工程量计算　清单工程量计算见表 2-11。

表 2-11　墙面勾缝清单工程量计算表

项目编码	项目名称	项目特征描述	计量单位	工程量
011201003001	墙面勾缝	水泥砂浆勾缝	m²	117.61

（2）计算规则与注解

① 定额计算规则　墙面勾缝工程量按设计图示尺寸以面积计算。扣除墙裙、门窗、洞口及单个大于 $0.3m^2$ 的孔洞面积，不扣除踢脚线、挂镜线和墙与构件交接处的面积，门窗、洞口和孔洞的侧壁及顶面不增加面积。附墙柱、梁、垛、烟囱侧壁并入相应的墙面面积内。

② 清单工程量计算方法同定额工程量计算方法一样。

（3）要点点评

① 在计算墙面勾缝工程量时，首先要明白其定额以及清单工程量的计算规则，内墙抹灰面积按主墙间的净长乘以高度计算，然后结合图纸数据，要特别注意内墙边线和门洞的尺寸。

② 本题计算的是外墙勾缝工程量，在计算时可先计算外墙总周长，再用总周长加上、下部凹进去部分的纵向墙长，然后乘以外墙勾缝的高度，计算出的结果即为题目中所要求的外墙勾缝的工程量。

2.3.2　柱（梁）面抹灰

2.3.2.1　柱（梁）面一般抹灰

【例 2-4】　试求如图 2-12 所示矩形混凝土柱面抹水泥砂浆的工程量。

【解】　（1）工程量计算

① 定额工程量计算

工程量＝$0.2×4×5$
　　　　＝4（m^2）

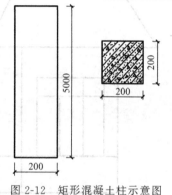

图 2-12　矩形混凝土柱示意图

注 释

0.2m 为方形柱结构断面边长，5m 为柱的高度，4 表示混凝土柱截面的四条边个数。

② 清单工程量计算　清单工程量计算见表 2-12。

表 2-12　柱、梁面一般抹灰清单工程量计算表

项目编码	项目名称	项目特征描述	计量单位	工程量
011202001001	柱、梁面一般抹灰	柱面刷水泥砂浆	m^2	4

（2）计算规则与注解

① 定额计算规则　柱、梁面一般抹灰工程量计算按设计图示柱断面周长乘高度以面积计算。

② 清单工程量计算方法同定额工程量计算方法一样。

（3）要点点评

① 在计算柱、梁面一般抹灰工程量时，首先要明白其定额以及清单工程量的计算规则，依据工程量计算规则，独立柱抹灰工程量按结构断面周长乘以柱的高度以平方米计算。

② 本题计算的是柱、梁面一般抹灰工程量，本例题的图形也相对简单，独立柱的截面就是一个正方形。在计算工程量时，用截面周长乘以柱的高度即可准确计算出的题目中所要求的柱面刷水泥砂浆的工程量。

2.3.2.2 柱（梁）面装饰抹灰

【例 2-5】 如图 2-13 所示，计算柱高 4.5m 方柱挂贴大理石装饰工程量。

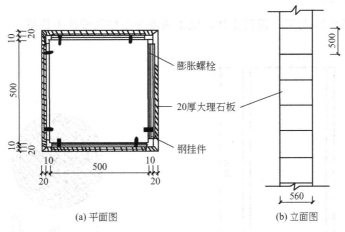

(a) 平面图　　　　(b) 立面图

图 2-13 某独立柱示意图

【解】 （1）工程量计算

① 定额工程量计算

$$工程量=(0.5+0.01\times2+0.02\times2)\times4\times4.5$$
$$=10.08(m^2)$$

（套用消耗量定额 12-76。）

注 释

（0.5+0.01×2+0.02×2）×4m 为挂贴大理石后正方形截面的周长，0.5m 为图形尺寸线长，4.5m 为柱高，装饰工程量为柱身展开矩形的面积。

② 清单工程量计算

$$清单工程量=10.08m^2$$

清单工程量计算见表 2-13。

表 2-13 柱、梁面装饰抹灰清单工程量计算表

项目编码	项目名称	项目特征描述	计量单位	工程量
011202002001	柱、梁面装饰抹灰	方柱挂贴大理石装饰	m²	10.08

（2）计算规则与注解

① 定额计算规则　柱面装饰抹灰工程量计算按设计图示柱断面周长乘长度以面积计算。

② 清单工程量计算方法同定额工程量计算方法一样。

（3）要点点评

① 在计算柱、梁面装饰抹灰工程量时，首先要明白其定额以及清单工程量的计算规则，依据工程量计算规则，装饰抹灰工程量为柱身展开矩形的面积。

② 本题计算的是方柱挂贴大理石装饰的工程量，在计算其工程量时，用正方形截面的周长乘以柱的高度，也就是柱身展开矩形的面积，计算出来的结果即为本题目中所要求的方柱挂贴大理石装饰抹灰的工程量。

2.3.2.3　柱面勾缝

【例 2-6】　图 2-14 为某一混凝土柱，试求该混凝土柱勾缝的工程量。

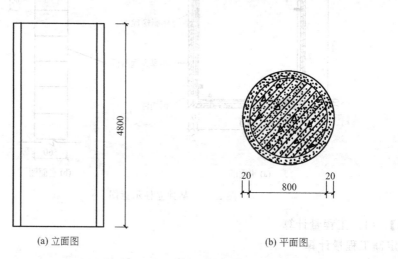

(a) 立面图　　　　　(b) 平面图

图 2-14　某混凝土柱示意图

【解】　（1）工程量计算

① 定额工程量计算

$$混凝土柱勾缝工程量＝3.14×(0.8+0.02×2)×4.8$$
$$＝12.66(m^2)$$

▌▍ 注　释

勾缝工程量按设计图示尺寸以面积计算，0.8m 为圆形柱的尺寸净直径长，(0.8+0.02×2)m 为柱身外表面直径，4.8m 为柱的高度，即柱身展开矩形的一个边长。

（套用全国统一建筑工程基础定额 GJD-101-95、基础定额 11-64。）

② 清单工程量计算　清单工程量计算见表 2-14。

表 2-14 柱面勾缝清单工程量计算表

项目编码	项目名称	项目特征描述	计量单位	工程量
011202004001	柱面勾缝	混凝土柱勾缝	m²	12.66

（2）计算规则与注解

① 定额计算规则　柱面勾缝工程量计算按设计图示柱断面周长乘以高度以平方米为单位计算。

② 清单工程量计算方法与定额工程量计算方法相同。

（3）要点点评

① 在计算柱面勾缝工程量时，首先要明白其定额以及清单工程量的计算规则，依据工程量计算规则，柱面勾缝工程量为柱身展开矩形的面积。

② 本题计算的是混凝土柱勾缝的工程量，在计算其工程量时，用圆形截面的周长乘以柱的高度，也就是柱身展开矩形的面积，计算出来的结果即为本题目中所要求的混凝土柱勾缝的工程量。

2.3.3 零星抹灰

2.3.3.1 零星项目一般抹灰

【例 2-7】　如图 2-15、图 2-16 所示，求阳台栏板抹水泥砂浆工程量。

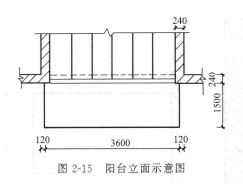

图 2-15 阳台立面示意图

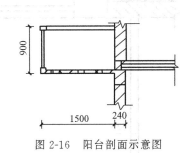

图 2-16 阳台剖面示意图

【解】 （1）工程量计算

① 定额工程量计算

工程量＝（3.6＋0.12×2＋1.5×2）×0.9×2.2

　　　　＝13.54（m²）

注 释

阳台栏板工程量按立面垂直投影面积乘以系数 2.2 计算，用平方米表示。（3.6＋0.12×2＋1.5×2）m 为栏板外边沿长，0.9m 为栏板高度。

（套用基础定额 11-30，套用全国统一建筑工程基础定额 GJD-101-95。）

② 清单工程量计算

阳台栏板抹水泥砂浆工程量＝（3.6＋0.12×2＋1.5×2）×0.9

＝6.16（m²）

清单工程量计算见表 2-15。

表 2-15 零星项目一般抹灰清单工程量计算表

项目编码	项目名称	项目特征描述	计量单位	工程量
011203001001	零星项目一般抹灰	水泥砂浆	m²	6.16

（2）计算规则与注解

① 定额计算规则　定额工程量按立面垂直投影面积乘以系数 2.2 计算。

② 清单工程量计算规则　零星项目一般抹灰工程量计算按设计图示尺寸以面积计算。

（3）要点点评

① 在计算零星项目一般抹灰工程量时，首先要明白其定额以及清单工程量的计算规则，依据工程量计算规则，要注意图示尺寸和相应定额工程量系数。

② 本题计算的是零星项目中水泥砂浆的工程量，在计算其工程量时，用栏板外边沿总周长乘以栏板的高度，也就是栏板展开矩形的面积，计算出来的结果即为本题目中所要求的阳台栏板抹水泥砂浆的工程量。

2.3.3.2 零星项目装饰抹灰

【例 2-8】　某阳台如图 2-17 所示，阳台底板厚 120mm，阳台栏板厚 120mm，栏板内墙面采用装饰抹灰，试求阳台栏板的工程量。

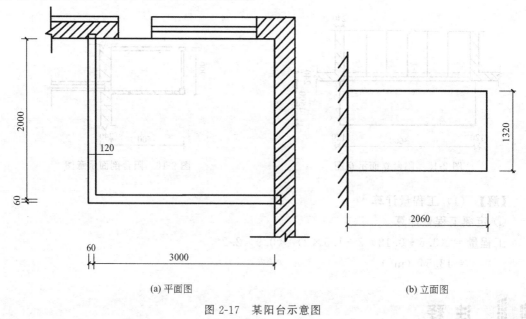

(a) 平面图　　(b) 立面图

图 2-17　某阳台示意图

【解】（1）工程量计算

① 定额工程量计算

工程量＝（2.00－0.06＋3.00－0.06）×（1.32－0.12）

＝5.86（m²）

注 释

（2.00-0.06+3.00-0.06）m 为阳台板的内墙的长度，内墙长度按净长线计算，(1.32-0.12)m 为阳台栏板的高度，工程量按设计图示尺寸以面积计算。

a. 栏板抹水刷石　水刷石套用消耗量定额 12-30；

b. 栏板抹干粘石　干粘白石子套用消耗量定额 12-31；

c. 栏板抹斩假石　斩假石套用消耗量定额 12-32。

② 清单工程量计算　清单工程量计算见表 2-16。

表 2-16　零星项目装饰抹灰清单工程量计算表

项目编码	项目名称	项目特征描述	计量单位	工程量
011203002001	零星项目装饰抹灰	阳台栏板厚120mm，内墙面采用装饰抹灰	m²	5.86

（2）计算规则与注解

① 定额计算规则　工程量按设计图示尺寸以面积计算。

② 清单工程量计算方法与定额工程量计算方法相同。

（3）要点点评

① 在计算零星项目装饰抹灰工程量时，首先要明白其定额以及清单工程量的计算规则，依据工程量计算规则，要注意内墙长度、板的厚度以及墙体厚度。

② 本题计算的是零星项目中装饰抹灰的工程量，在计算其工程量时，用阳台板的内墙总周长乘以栏板的高度，也就是阳台栏板展开矩形的面积，计算出来的结果即为本题目中所要求的栏板内墙面采用装饰抹灰的工程量。

2.3.4　墙面块料面层

2.3.4.1　石材墙面

【例 2-9】　图 2-18 所示为某建筑物室内一墙面，求挂贴大理石墙裙和木龙骨、木工板基层、榉木板面层的工程量，门窗洞口侧壁面积应增加。

【解】（1）工程量计算

① 定额工程量计算

大理石工程量＝（6.0-1.2）×0.8+0.12×2×0.8

　　　　　　　　＝4.03（m²）

（套用消耗量定额 12-33。）

注 释

内墙裙按室内净长乘以高度计算，用平方米表示，应扣除门窗洞口所占面积，6.0m 为内墙净长，1.2m 为门口宽，0.8m 为墙裙高。

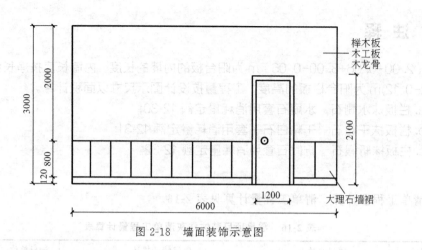

图 2-18　墙面装饰示意图

② 清单工程量计算　清单工程量计算见表 2-17。

表 2-17　石材墙面清单工程量计算表

项目编码	项目名称	项目特征描述	计量单位	工程量
011204001001	石材墙面	建筑物室内墙面大理石墙裙	m²	4.03

（2）计算规则与注解

① 定额计算规则　工程量按镶贴表面积计算。

② 清单工程量计算方法与定额工程量计算方法相同。

（3）要点点评

① 在计算石材墙面工程量时，首先要明白其定额以及清单工程量的计算规则，依据工程量计算规则，要特别注意扣除门窗洞口的工程量。

② 本题计算的是石材墙面中挂贴大理石墙裙的工程量，在计算其工程量时，要用内墙裙按室内净长乘以内墙裙的高度计算，用平方米表示，还应扣除门窗洞口所占面积，计算出来的结果即为本题目中所要求的挂贴大理石墙裙的工程量。

2.3.4.2　块料墙面

【例 2-10】　如图 2-19 所示的房间，外墙用干粉胶黏剂贴陶瓷锦砖，该建筑层高 3.3m，试求该陶瓷锦砖墙面的工程量（洞口侧面取 150mm）。

【解】　（1）工程量计算

① 定额工程量计算

$$工程量 = [(6+0.24)\times2 + (18+0.24)\times2]\times3.3 - 1\times2.7\times4 - 2.7\times$$
$$1.8\times4 + 0.15\times8\times2.7 + 0.15\times8\times1.8$$
$$= (12.48+36.48)\times3.3 - 10.8 - 19.44 + 3.24 + 2.16$$
$$= 136.73(m^2)$$

（套用消耗量定额 12-46。）

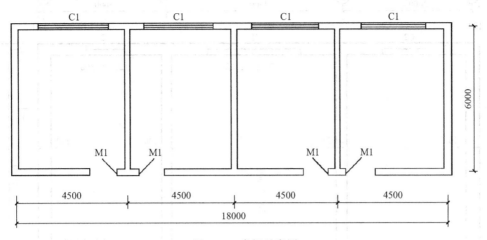

图 2-19　房间示意图

注：M1 尺寸为 1000mm×2700mm；C1 尺寸为 2700mm×1800mm

注 释

6m 为外墙中心线宽，18m 为外墙中心线长，0.24m 为墙厚，3.3m 为层高，（1×2.7×4）m² 为门洞口面积，1m 为门宽，2.7m 为门高。（0.15×8×1.8）m² 为窗洞口增加的贴陶瓷砖的面积，0.15m² 为洞口侧面宽，8 为个数，1.8m 为窗高。

② 清单工程量计算　清单工程量计算见表 2-18。

表 2-18　块料墙面清单工程量计算表

项目编码	项目名称	项目特征描述	计量单位	工程量
011204003001	块料墙面	外墙贴陶瓷锦砖	m²	136.73

（2）计算规则与注解

① 定额计算规则　工程量按镶贴表面积计算。

② 清单工程量计算方法与定额工程量计算方法相同。

（3）要点点评

① 在计算块料墙面工程量时，首先要明白其定额以及清单工程量的计算规则，依据工程量计算规则，要特别注意图中墙、门窗、洞口的尺寸。

② 本题计算的是块料墙面面层中贴陶瓷锦砖的工程量，在计算其工程量时，要用四个房间的外墙全长乘以房间层高，以平方米计算，再扣除门窗洞口所占面积，然后加上门窗洞口侧面增加的贴陶瓷砖的面积，计算出来的结果即为本题目中所要求的外墙贴陶瓷锦砖的工程量。

2.3.4.3　块料墙面

【例 2-11】　如图 2-20、图 2-21 所示建筑物，外墙装饰面采用不锈钢骨架上挂钩式干挂花岗岩板，面积小于 1.5m²，施工图如图 2-22 所示，试求钢骨架的工程量。

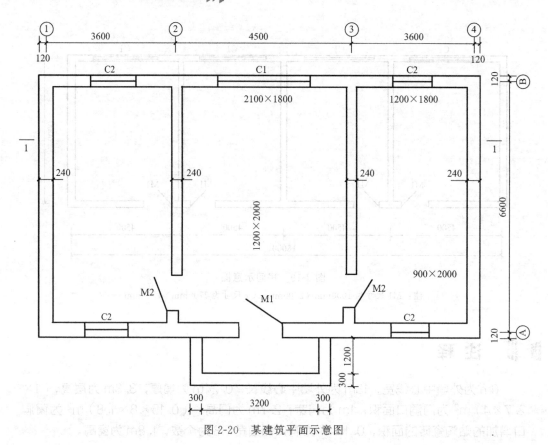

图 2-20　某建筑平面示意图

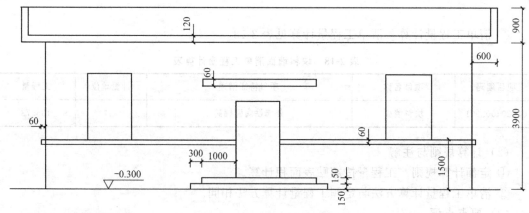

图 2-21　某建筑立面示意图

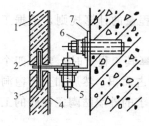

图 2-22　干挂法安装示意图

1—石板；2—不锈钢销钉；

3—板材钻孔；4—玻纤布增强层；

5—紧固螺栓；6—胀铆螺栓；

7—L形不锈钢连接件

【解】（1）工程量计算

① 定额工程量计算

工程量＝[(3.6×2＋6.6＋4.5＋0.12×2×2)×2×4.8－2.1
　　　　　×1.8－1.2×1.8×4－1.2×2.0－(3.2＋3.2＋0.3
　　　　　×2)×0.15]×1060.000

　　　＝164.42×1060.000

　　　＝174285.20(kg)

　　　＝174.285t

（套用消耗量定额 12-39。）

注 释

（1.2×1.8×4）m² 为四个窗户 2 的截面积，（2.1×1.8）m² 为窗户 1 的截面积，（1.2×2.0）m² 为门 1 的截面积，（0.9×2.0×4）m² 为门 2 的四个内墙面的截面积；（1.2×2.0）m² 为门 1 洞口的截面积；(6.6+4.5+3.6×2+0.12×2×2)×2×4.8 为外墙的总长度乘以外墙的高度；0.24m 为墙的厚度，(3.2+3.2+0.3×2)m 为入口处台阶的长度，0.15m 为台阶的高度；1060.000 为每平方米钢筋骨架的重量（kg）。

② 清单工程量计算　清单工程量计算见表 2-19。

表 2-19　干挂石材钢骨架清单工程量计算表

项目编码	项目名称	项目特征描述	计量单位	工程量
011204004001	干挂石材钢骨架	不锈钢骨架上干挂花岗岩板	t	174.285

（2）计算规则与注解

① 定额计算规则　工程量按设计图示尺寸以质量计算。

② 清单工程量计算方法与定额工程量计算方法相同。

（3）要点点评

① 在计算干挂石材钢骨架工程量时，首先要明白其定额以及清单工程量的计算规则，依据工程量计算规则，要特别注意图中墙、门窗、洞口的数量和尺寸以及图中台阶的尺寸和高度以及每平方米钢筋骨架的重量。

② 本题计算的是干挂石材钢骨架的工程量，在计算其工程量时，先用外墙的总长度乘以外墙的高度计算出外墙装饰面工程量，再减去所有门窗洞口和台阶的面积，然后再用总的工程量乘以每平方米钢筋骨架的重量，这样分部、分块地计算更能够准确清晰，计算出的结果即为本题目中所要求的外墙装饰面采用不锈钢骨上干挂花岗岩板的工程量。

2.3.5　柱（梁）面镶贴块料

2.3.5.1　石材柱面

【例 2-12】　某教学楼工程雨篷柱如图 2-23 所示，柱面贴大理石，试计算工程量。

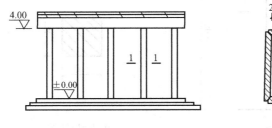

图 2-23　雨篷柱示意图

【解】（1）工程量计算

① 定额工程量计算

工程量＝0.35×4×4×5

＝28（m²）

（套用消耗量定额 12-76。）

注释

柱面贴大理石的工程量＝柱子的断面周长×柱高×根数。本题中断面边长为0.35m，4为柱高，5为柱子根数。

② 清单工程量计算　清单工程量计算表见表 2-20。

表 2-20　石材柱面清单工程量计算表

项目编码	项目名称	项目特征描述	计量单位	工程量
011205001001	石材柱面	(1)钢筋混凝土柱 (2)350mm×350mm 柱截面 (3)大理石面层	m²	28

（2）计算规则与注解

① 定额计算规则　工程量按镶贴表面积计算。

② 清单工程量计算方法与定额工程量计算方法相同。

（3）要点点评

① 在计算石材柱面工程量时，首先要明白其定额以及清单工程量的计算规则，依据工程量计算规则，要特别注意图中柱子的尺寸和数量。

② 本题计算的是石材柱面的工程量，在计算其工程量时，用柱子的断面周长乘以柱高，再乘以柱子数量，以平方米为单位计，计算出的结果即为本题目中所要求的柱面贴大理石的工程量。

2.3.5.2　块料柱面

【例 2-13】 如图 2-24 所示，某柱 7 根，采用块料柱面，试计算其工程量。

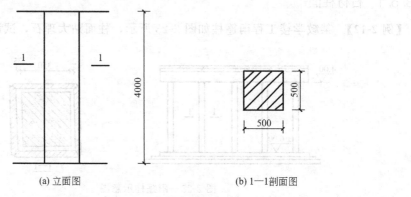

(a) 立面图　　　　　　　(b) 1—1剖面图

图 2-24　某柱示意图

【解】（1）工程量计算

① 定额工程量计算

工程量＝$0.5×4×4×7$

　　　　＝56.00（m²）

注释

（$0.5×4$）m 为正方形截面的周长，4m 为柱高，（$0.5×4×4$）m² 为柱身的展开面积，7 为柱的根数。

柱采用块料柱面套用消耗量定额：

a. 陶瓷锦砖（水泥砂浆粘贴）方柱（梁）面套用消耗量定额 12-82。

陶瓷锦砖（干粉型粘贴剂粘贴）方柱（梁）面套用消耗量定额 12-83。

b. 玻璃马赛克（水泥砂浆粘贴）方柱（梁）面套用消耗量定额 12-84。

玻璃马赛克（干粉型粘贴剂粘贴）方柱（梁）面套用消耗量定额 12-85。

c. 瓷板 152×152（水泥砂浆粘贴）柱（梁）面套用消耗量定额 12-86。

瓷板 152×152（干粉型粘贴剂粘贴）柱（梁）面套用消耗量定额 12-87。

② 清单工程量计算　清单工程量计算见表 2-21。

表 2-21　块料柱面清单工程量计算表

项目编码	项目名称	项目特征描述	计量单位	工程量
011205002001	块料柱面	500mm×500mm 的柱面采用块料柱面	m²	56.00

（2）计算规则与注解

① 定额计算规则　工程量按镶贴表面积计算。

② 清单工程量计算方法与定额工程量计算方法相同。

（3）要点点评

① 在计算块料柱面工程量时，首先要明白其定额以及清单工程量的计算规则，依据工程量计算规则，要特别注意图中单根柱子的尺寸和数量。

② 本题计算的是块料柱面的工程量，在计算其工程量时，计算方法与石材柱面计算方法相同，以平方米为单位计，用单根柱子的截面周长乘以柱高，再乘以柱子的总数量，计算出的结果即为本题目中所要求的采用块料柱面的工程量。

2.3.5.3　拼碎块柱面

【例 2-14】　如图 2-25 所示，某柱 6 根，柱面采用拼碎石材柱面，试求其工程量。

【解】（1）工程量计算

① 定额工程量计算

$$工程量＝0.5×4×4×6$$
$$＝48.00（m²）$$

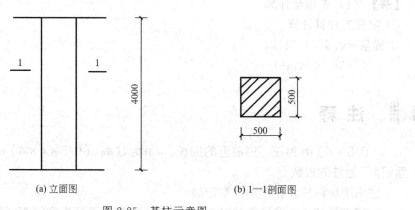

(a) 立面图　　　　　　(b) 1—1剖面图

图 2-25　某柱示意图

注　释

0.5m 为柱子的截面尺寸，4 为柱子的四个侧面，4m 是柱子的高度，6 为柱子的根数。

柱采用拼碎石材柱面套用消耗量定额：

拼碎石材砖柱面套用消耗量定额 12-77。

混凝土柱面套用消耗量定额 12-77。

② 清单工程量计算　清单工程量计算见表 2-22。

表 2-22　拼碎块柱面清单工程量计算表

项目编码	项目名称	项目特征描述	计量单位	工程量
011205003001	拼碎块柱面	500mm×500mm 的方柱采用拼碎石材柱面	m²	48.00

（2）计算规则与注解

① 定额计算规则　工程量按镶贴表面积计算。

② 清单工程量计算方法与定额工程量计算方法相同。

（3）要点点评

① 在计算拼碎块柱面工程量时，首先要明白其定额以及清单工程量的计算规则，依据工程量计算规则，要特别注意图中单根柱子的截面尺寸和数量。

② 本题计算的是拼碎块柱面的工程量，在计算其工程量时，以平方米为单位计，用单根柱子的截面尺寸乘以柱子侧面数量，再乘以柱子的高度和总根数，计算出的结果即为本题目中所要求的方柱采用拼碎石材柱面的工程量。

2.3.5.4　石材梁面

【例 2-15】　如图 2-26 所示的梁，采用花岗石贴面，试求该花岗石贴面的工程量。

【解】　（1）工程量计算

① 定额工程量计算

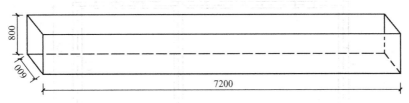

图 2-26　梁示意图

$$工程量 = (0.6 \times 2 + 0.8 \times 2) \times 7.2$$
$$= 20.16(m^2)$$

注 释

0.6m 为梁截面宽，0.8m 为梁截面长，7.2m 为梁长。（套用消耗量定额 12-76。）

② 清单工程量计算　清单工程量计算见表 2-23。

表 2-23　石材梁面清单工程量计算表

项目编码	项目名称	项目特征描述	计量单位	工程量
011205004001	石材梁面	截面 600mm×800mm 的长方体柱,采用花岗石贴面	m²	20.16

（2）计算规则与注解

① 定额计算规则　工程量按镶贴表面积计算。

② 清单工程量计算方法与定额工程量计算方法相同。

（3）要点点评

① 在计算石材梁面工程量时，首先要明白其定额以及清单工程量的计算规则，依据工程量计算规则，要特别注意图中梁面的截面尺寸和高度。

② 本题计算的是石材梁面的工程量，在计算其工程量时，以平方米为单位计，用梁面的底面截面周长乘以梁的高度，计算出的结果即为本题目中所要求的梁采用花岗石贴面的工程量。

2.3.6　镶贴零星块料

2.3.6.1　石材零星项目

【例 2-16】　如图 2-27 所示，图为一建筑物底层平面图门的尺寸 M1 为 1750mm×2075mm，M2 为 1000mm×2400mm，该建筑物自地面到 1.2m 处挂贴大理石墙裙，试求大理石挂贴的工程量（墙厚为 240mm）。

【解】　（1）工程量计算

① 定额工程量计算

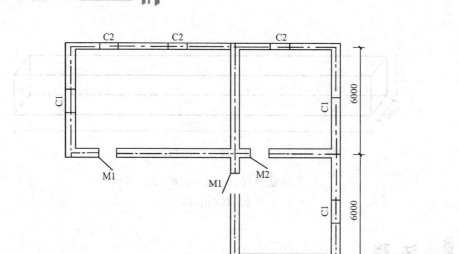

图 2-27 某建筑平面图

挂贴大理石墙裙的工程量＝(8＋4＋0.24＋6＋6＋0.24)×2×1.2－1.75×2×1.2＋
0.12×2×1.2×2

＝58.752－4.2＋0.576

＝55.13（m²）

注 释

（8＋4＋0.24＋6＋6＋0.24）×2m 为建筑物外墙线总长，1.2m 为墙裙高度，1.75
×2×1.2m² 为 2 个 M1 门在墙裙以下的面积，应扣除。

（套用消耗量定额 12-98。）

② 清单工程量计算 清单工程量计算见表 2-24。

表 2-24 石材零星项目清单工程量计算表

项目编码	项目名称	项目特征描述	计量单位	工程量
011206001001	石材零星项目	墙裙挂贴大理石面层	m²	55.13

（2）计算规则与注解

① 定额计算规则 大理石墙裙的工程量为设计图示尺寸以面积计算。

② 清单工程量计算方法与定额工程量计算方法相同。

（3）要点点评

① 在计算石材零星项目工程量时，首先要明白其定额以及清单工程量的计算规则，依据工程量计算规则，要特别注意图中建筑物的平面尺寸和门洞的尺寸。

② 本题计算的是石材零星项目的工程量，在计算其工程量时，以平方米为单位计，用建筑物外墙线总长乘以其高度，再减去在墙裙以下的两个门洞的工程量，计算出的结果即为本题目中所要求的建筑物底层采用花挂贴大理石墙裙的工程量。

2.3.6.2 块料零星项目

【例 2-17】 某建筑物的洗手间地面采用马赛克贴面，自室内地面至室内标高 1.2m 处亦采用马赛克贴面，如图 2-28 所示，门的尺寸为 900mm×2200mm，求马赛克的工程量（镜台的尺寸为 1500mm×500mm×80mm、浴池尺寸为 1600mm×800mm×40mm）。

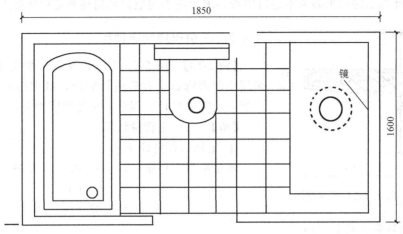

图 2-28 洗手间马赛克贴面图

【解】（1）工程量计算

① 定额工程量计算

$$
\begin{aligned}
马赛克工程量 =& [(1.85\times1.6)-1.6\times0.8-1.5\times0.5]+[2\times(1.85+1.6)\times1.2-0.9\times\\
&1.2-1.5\times0.5-(0.8+0.8+1.6)\times0.04+0.12\times2\times1.2]\\
=&5.722+1.68+0.288\\
=&7.69(\mathrm{m^2})
\end{aligned}
$$

注 释

（1.85×1.6）m² 为洗手间的长度乘以宽度，是其底面积；（1.6×0.8）m² 为浴池的截面积；2×(1.85+1.6)×1.2 为洗手间的底边周长乘以马赛克贴面的高度，（0.9×1.2）m² 为门洞部马赛克贴面的截面积；（1.5×0.5）m² 为镜台孔洞部马赛克贴面的截面积；(0.8+0.8+1.6)×0.04m² 为浴池孔洞部马赛克贴面的截面积。

② 清单工程量计算 清单工程量计算见表 2-25。

表 2-25 块料零星项目清单工程量计算表

项目编码	项目名称	项目特征描述	计量单位	工程量
011206002001	块料零星项目	自室内地面至室内标高 1.2m 处,采用马赛克贴面	m²	7.69

（2）计算规则与注解

① 定额计算规则 块料零星项目工程量按设计图示尺寸以面积计算。

② 清单工程量计算方法与定额工程量计算方法相同。

（3）要点点评

① 在计算块料零星项目工程量时，首先要明白其定额以及清单工程量的计算规则，依据工程量计算规则，要特别注意图中洗手间地面的尺寸和门洞、镜台、浴池的尺寸。

② 本题计算的是块料零星项目的工程量，在计算其工程量时，以平方米为单位计算，用房间总的底面积减去镜台和浴池孔洞部马赛克贴面的截面积，采用分部计算的方式更准确、清晰，计算出的结果即为本题目中所要求的洗手间地面采用马赛克贴面的工程量。

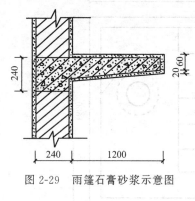

图 2-29　雨篷石膏砂浆示意图

（套用消耗量定额 12-114。）

2.3.6.3　拼碎块零星项目

【例 2-18】　图 2-29 所示为某建筑物雨篷的示意图，采用凸凹假麻石块对其进行装饰，试求用砂浆粘贴凸凹假麻石块零星项目工程量（雨篷长度为 3m）。

【解】　（1）工程量计算

① 定额工程量计算

$$零星项目工程量 = (0.06 + 0.02 + 0.06) \times 1/2 \times 1.2 \\ \times 2 + 0.06 \times 3 \\ = 0.35 \ (m^2)$$

注释

$(0.06 + 0.02 + 0.06) \times \dfrac{1}{2} \times 1.2 \times 2 m^2$ 为雨篷两个梯形侧面的面积，$(0.06 + 0.02 + 0.06)$ m 为梯形的上、下底宽的和，1.2m 为梯形的高；(0.06×3) m² 为雨篷正面的面积。

---

② 清单工程量计算　工程量为 0.35m²。清单工程量计算见表 2-26。

表 2-26　拼碎块零星项目清单工程量计算表

项目编码	项目名称	项目特征描述	计量单位	工程量
011206003001	拼碎块零星项目	雨篷采用凸凹假麻石块装饰	m²	0.35

（2）计算规则与注解

① 定额计算规则　拼碎块零星项目按设计图示尺寸以面积计算。

② 清单工程量计算方法与定额工程量计算方法相同。

（3）要点点评

① 在计算拼碎块零星项目工程量时，首先要明白其定额以及清单工程量的计算规则，根据工程量计算规则，可知用凸凹假麻石块对雨篷进行装饰。该平面图是不规则图形，要特别注意雨篷图形的尺寸。

② 本题计算的是拼碎块零星项目的工程量，在计算其工程量时，以平方米为单位计算，用雨篷两个梯形侧面的面积加上雨篷正面的面积，计算出的结果即为本题目中所要求的雨篷采用凸凹假麻石块装饰的工程量。

2.3.7 墙饰面

【例 2-18】 如图 2-30 所示的墙内侧面做花式切片板墙裙，做法为木龙骨（木骨架），五夹板基层上粘贴花式切片板。墙裙高度 900mm（平窗台），门框料断面尺寸为 75mm×100mm。试求其工程量。

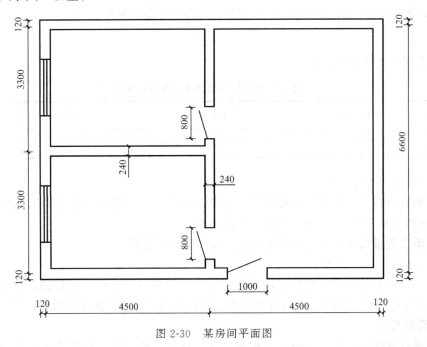

图 2-30 某房间平面图

【解】 （1）工程量计算

① 定额工程量计算

定额工程量=[（4.5-0.24）×4+（3.3-0.24）×2×2+（4.5-0.24+6.6-0.24）
　　　　　　×2-0.8×2×2-1.0]×0.9
　　　　　=41.69（m²）

（根据 2015 年消耗量定额规则计算。）

注 释

(4.5-0.24)×4m 为平面图中两个房间的竖直方向的内墙长，(3.3-0.24)×2×2m 为其水平方向内墙长，(4.5-0.24+6.6-0.24)×2m 为右边房间内墙长，（0.8×2×2）m 为多加的内墙门洞宽，1.0m 为外墙门洞宽。

② 清单工程量计算

清单工程量=[（4.5-0.24）×4+（3.3-0.24）×2×2+（4.5-0.24+6.6-0.24）×2-
　　　　　　0.8×2×2-1.0+（0.24-0.1）×2×2+（0.12-0.05）×2]×0.9
　　　　　=42.32（m²）

注 释

(4.5-0.24)×4m 为平面图中两个房间的竖直方向的内墙长，(3.3-0.24)×2×2m 为其水平方向内墙长，(4.5-0.24+6.6-0.24)×2m 为右边房间内墙长，0.8×2×2m 为多加的内墙门洞宽，1.0m 为外墙门洞宽，(0.24-0.1)×2×2m 为内墙门洞侧壁宽，(0.12-0.05)×2m 为外墙门洞侧壁宽，0.9m 为墙裙高度。

清单工程量计算见表 2-27。

表 2-27　墙面装饰板清单工程量计算表

项目编码	项目名称	项目特征描述	计量单位	工程量
011207001001	墙面装饰板	木龙骨，五夹板基层上粘贴花式切片板	m²	42.32

（2）计算规则与注解

① 定额计算规则　墙面装饰板工程量按设计图示尺寸，用墙净长乘以净高以面积计算，扣除门窗洞口及单个大于 0.3m² 的孔洞所占面积。

② 清单工程量按图示尺寸长度乘以高度按实铺面积计算。

（3）要点点评

① 在计算墙面装饰板工程量时，首先要明白其定额以及清单工程量的计算规则，根据工程量计算规则，可知用凸凹假麻石块对雨篷进行装饰。该平面图是不规则图形，要特别注意雨篷图形的尺寸。

② 本题计算的是墙面装饰板的工程量，在计算其工程量时，以平方米为单位计算，用房间内墙净长减去内外墙门洞宽，再乘以墙裙高度，计算出的结果即为本题目中所要求的墙内侧面做木龙骨、五夹板基层上粘贴花式切片板的工程量。

2.3.8　柱（梁）饰面

【例 2-20】　如图 2-31 所示为一独立柱圆形饰面示意图，外包不锈钢饰面，外围直径为 800mm、柱高 5.4m，试求饰面工程量。

【解】（1）工程量计算

① 定额工程量计算

柱饰面工程量＝0.8×π×5.4
＝13.57（m²）

（套用消耗量定额 12-207。）

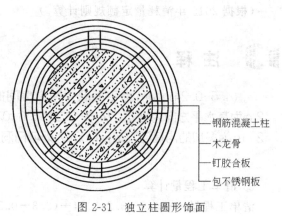

图 2-31　独立柱圆形饰面

钢筋混凝土柱
木龙骨
钉胶合板
包不锈钢板

注 释

0.8m 为柱直径，5.4m 为柱高。

② 清单工程量计算 清单工程量计算见表 2-28。

表 2-28 柱（梁）饰面清单工程量计算表

项目编码	项目名称	项目特征描述	计量单位	工程量
011208001001	柱（梁）面装饰	独立柱圆形饰面，外包不锈钢板	m²	42.32

（2）计算规则与注解

① 定额计算规则 柱（梁）面装饰工程量按设计图示饰面外围尺寸以面积计算。

② 清单工程量计算方法与定额工程量计算方法相同。

（3）要点点评

① 在计算柱（梁）面装饰工程量时，首先要明白其定额以及清单工程量的计算规则，根据工程量计算规则计算，用圆柱截面周长乘以柱的高度。

② 本题计算的是柱（梁）面装饰的工程量，在计算其工程量时，以平方米为单位计算，用圆柱截面周长乘以柱高，计算出的结果即为本题目中所要求的独立柱圆形饰面外包不锈钢饰面的工程量。

2.3.9 幕墙工程

2.3.9.1 带骨架幕墙

【例 2-21】 已知如图 2-32 所示幕墙，试计算图示尺寸幕墙的工程量。

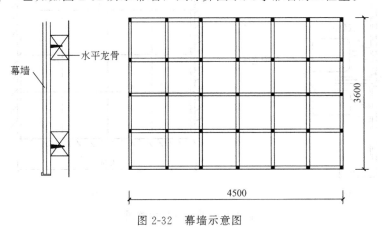

图 2-32 幕墙示意图

【解】（1）工程量计算

① 定额工程量计算

$$带骨架幕墙工程量 S = 4.5 \times 3.6$$
$$= 16.20 (\text{m}^2)$$

（套用消耗量定额 12-212。）

注 释

4.5m 为幕墙的长度，3.6m 为幕墙的高度。 注：木龙骨基层是按双向计算的，设计为单向时，材料、人工用量乘以系数 0.55。

② 清单工程量计算　清单工程量计算见表 2-29。

表 2-29　带骨架幕墙清单工程量计算表

项目编码	项目名称	项目特征描述	计量单位	工程量
011209001001	带骨架幕墙	带骨架幕墙	m²	16.20

（2）计算规则与注解

① 定额计算规则　幕墙工程量按设计图示框外围尺寸以面积计算，与幕墙同种材质的窗所占面积不扣除。

② 清单工程量计算方法与定额工程量计算方法相同。

（3）要点点评

① 在计算带骨架幕墙工程量时，首先要明白其定额以及清单工程量的计算规则，根据工程量计算规则可知，要注意图中幕墙的尺寸以及与幕墙同种材质的窗所占面积不扣除。

② 本题计算的是带骨架幕墙的工程量，在计算其工程量时，以平方米为单位计算，用圆幕墙的长度乘以高度，计算出的结果即为本题目中所要求的带骨架幕墙的工程量。

2.3.9.2　全玻（无框玻璃）幕墙

【例 2-22】已知如图 2-33 所示点式全玻幕墙，而且纵向带有肋玻璃，试计算其工程量。

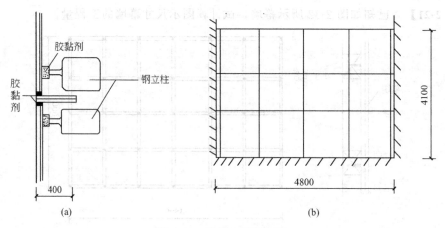

图 2-33　幕墙立面示意图

【解】（1）工程量计算

① 定额工程量计算

$$定额工程量\ S = 4.8 \times 4.1 + 4.1 \times 0.4 \times 3$$
$$= 19.68 + 4.92$$
$$= 24.60 (m^2)$$

（定额计算应套用消耗量定额 12-216。）

注 释

（4.8×4.1）m² 为幕墙的面积，（4.1×0.4×3）m² 为 3 根纵向肋的侧面展开面积，0.4m 为肋的高度。

② 清单工程量计算

幕墙工程量 $S=24.60$m²。

清单工程量计算见表 2-30。

表 2-30　全玻（无框玻璃）幕墙清单工程量计算表

项目编码	项目名称	项目特征描述	计量单位	工程量
011209002001	全玻（无框玻璃）幕墙	全玻幕墙，纵向带有肋玻璃	m²	24.60

（2）计算规则与注解

① 定额计算规则　幕墙工程量按设计图示尺寸以面积计算。带肋全玻幕墙按展开面积计算。

② 清单工程量计算方法与定额工程量计算方法相同。

（3）要点点评

① 在计算全玻（无框玻璃）幕墙工程量时，首先要明白其定额以及清单工程量的计算规则，根据工程量计算规则，要注意图中幕墙的尺寸、纵向肋的根数和纵向肋的侧面展开尺寸。

② 本题计算的是全玻幕墙的工程量，在计算其工程量时，以平方米为单位计算，用幕墙的面积加上纵向肋的侧面展开面积，计算出的结果即为本题目中所要求的纵向带有肋玻璃的工程量。

2.3.10 隔断

2.3.10.1 木隔断

【例 2-23】　如图 2-34、图 2-35 所示，试求卫生间木隔断工程量。

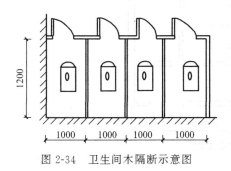

图 2-34　卫生间木隔断示意图　　　　图 2-35　卫生间木隔断示意图

【解】（1）清单工程量计算

$$木隔断工程量=(1.0×4+1.2×4)×1.5$$
$$=13.20(m²)$$

注 释

浴厕木隔断按下横档底面至上横档顶面高度乘以图示长度计算，用平方米表示，门窗面积并入隔断面积以内。 小括号内为侧面与门长度，1.5m 为高度。

清单工程量计算见表 2-31。

表 2-31　木隔断清单工程量计算表

项目编码	项目名称	项目特征描述	计量单位	工程量
011210001001	木隔断	木隔断	m²	13.20

定额工程量套用消耗量定额 12-233。

（2）计算规则与注解

① 定额计算规则　按设计图示框外围尺寸以面积计算。不扣除单个小于等于 $0.3 \ \mathrm{m^2}$ 的孔洞所占面积；浴厕门的材质与隔断相同时，门的面积并入隔断面积内。

② 清单工程量计算方法与定额工程量计算方法相同。

（3）要点点评

① 在计算木隔断工程量时，首先要明白其定额以及清单工程量的计算规则，根据工程量计算规则，要注意图中房间木隔断的长度和高度以及门窗等的尺寸。

② 本题计算的是木隔断的工程量，在计算其工程量时，以平方米为单位计算，用木隔断下横档顶面高度乘以图示长度，门窗面积并入隔断面积内，计算出的结果即为本题目中所要求的卫生间木隔断的工程量。

2.3.10.2 玻璃隔断

【例 2-24】　如图 2-36 所示，试计算铝合金玻璃隔断的工程量。

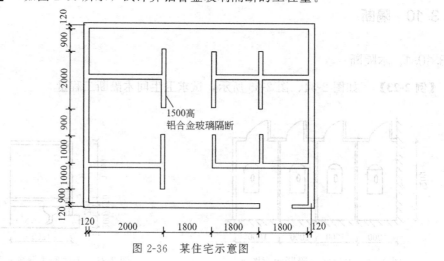

图 2-36　某住宅示意图

【解】（1）工程量计算

① 清单工程量：

$$工程量 = [(2+3.6) \times 2 + (1-0.12) \times 10] \times 1.5$$
$$= 30.00 (\mathrm{m^2})$$

注 释

（2+3.6）×2+ (1-0.12)×10m（10 个铝合金玻璃隔断短边的长度，0.12m 为半墙厚度）为铝合金玻璃隔断的总长度；1.5m 为隔断的高度。

清单工程量计算见表 2-32。

表 2-32 玻璃隔断清单工程量计算表

项目编码	项目名称	项目特征描述	计量单位	工程量
011210003001	玻璃隔断	铝合金玻璃隔断	m²	30.00

② 定额工程量　定额工程量计算套用消耗量定额 12-223。

（2）计算规则与注解

① 定额计算规则　按设计图示框外围尺寸以面积计算。不扣除单个小于等于 0.3 m² 的孔洞所占面积。

② 清单工程量计算方法与定额工程量计算方法相同。

（3）要点点评

① 在计算玻璃隔断工程量时，首先要明白其定额以及清单工程量的计算规则，根据工程量计算规则，要注意图中玻璃隔断的纵向肋的根数和纵向肋的侧面展开尺寸。

② 本题计算的是玻璃隔断的工程量，在计算其工程量时，以平方米为单位计算，用玻璃隔断的总长度乘以隔断高度，计算出的结果即为本题目中所要求的铝合金玻璃隔断的工程量。

2.3.10.3 其他隔断

【例 2-25】　如图 2-37 所示，试求轻钢龙骨双面纸面石膏板隔墙工程量。

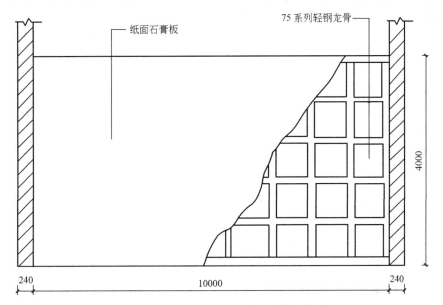

图 2-37　轻钢龙骨纸面石膏板隔墙示意图

【解】 （1）工程量计算

① 清单工程量计算

纸面石膏板隔墙的工程量＝10×4＝40.00（m²）

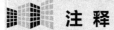

注 释

10m 为板隔墙的宽度，4m 为板隔墙的高度。

说明：a.隔墙按图示尺寸长度乘以高度按实铺面积计算。

b.隔墙轻钢龙骨含量与定额一致，不作调整。

清单工程量计算见表 2-33。

表 2-33　其他隔断清单工程量计算表

项目编码	项目名称	项目特征描述	计量单位	工程量
011210006001	其他隔断	纸面石膏板隔墙	m²	40.00

② 定额工程量计算　定额工程量计算方法同清单工程量。

（2）计算规则与注解

① 定额计算规则　按设计图示框外围尺寸以面积计算，不扣除单个小于等于 0.3m² 的孔洞所占面积。

② 清单工程量计算方法与定额工程量计算方法相同。

（3）要点点评

① 在计算隔断工程量时，首先要明白其定额以及清单工程量的计算规则，根据工程量清单计算规则，特别要注意图中隔断的尺寸以及门洞的尺寸、面积。

② 本题计算的是纸面石膏板隔墙的工程量，在计算其工程量时，以平方米为单位计算，用板隔墙的长度乘以高度，计算出的结果即为本题目中所要求的轻钢龙骨双面纸面石膏板隔墙的工程量。

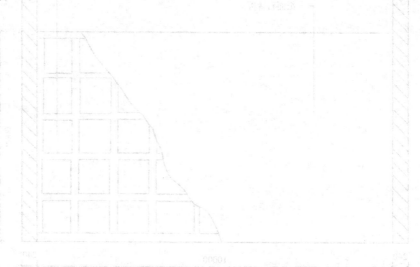

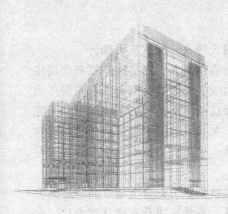

第3章
天棚工程

3.1 知识引导讲解

3.1.1 术语导读

（1）天棚　又称为顶棚、吊顶、平顶，它是室内空间的顶面。天棚的装饰是现代室内装饰的主要组成部分，如图 3-1 所示。

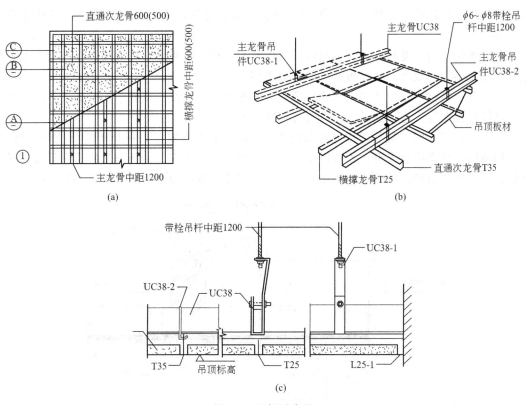

图 3-1　天棚示意图

天棚按设置位置分为屋架下天棚和混凝土板下天棚；按结构形式分为整体式天棚、活动装配式天棚、隐藏装配式天棚和开敞天棚；按主要材料分木结构板材面天棚、轻钢龙骨天棚、铝合金龙骨天棚、玻璃天棚等。还有板条天棚、钢丝网天棚及一般抹灰天棚。

天棚利用楼板或屋架等结构为支撑点，吊挂各种木龙骨或钢龙骨，它是由基层和面层组成。基层主要是承受天棚重量，主要指龙骨、吊筋等零件组成的天棚的骨架。面层主要作为室内装饰的饰面。天棚装饰工程是在楼板、屋架下弦或屋面板的下面进行的装饰工程。天棚装饰工程，一般分为两种，一种是以楼板或屋面板为基层，在其下表面直接进行抹灰、涂料或裱糊的天棚装饰工程。另一种是以楼板或屋面板为支撑点，用吊杆连接大、小龙骨再镶贴各种饰面。

（2）铝合金格片式天棚龙骨　这是一种专门为具有主体造型感的铝合金格片而配套的天棚龙骨。这种龙骨用薄铝合金板制成，故又可称为条板龙骨。龙骨底边开有格片式卡口。定型产品的卡口间距为50mm，安装时可根据需要，将格片按100mm、150mm间距进行安装，如图3-2所示。

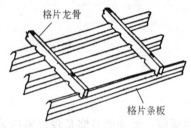

图 3-2　铝合金格片式天棚龙骨

（3）对缝　由于板与板在龙骨处拼接，在这种情况下，板多被粘钉在龙骨上，缝处可能产生不平现象，需在板上钉钉，间距不超过200mm，或用胶黏剂粘紧，并要修整不平处，石膏板对缝，不平处可用刨子刨平，对缝做法在裱糊、喷涂的面板上较为常用。

（4）凹缝　在两板拼缝处，利用面板的形状和长短做出凹缝，凹缝有V形和矩形两种，利用板的形状形成凹缝，不必另加处理；而由板的厚度做成的凹缝，其中可涂刷颜色，以强调吊顶线条和立体感，或加金属装饰条，以增加装饰效果。凹缝不应小于5mm。

（5）盖缝　用次龙骨（中、小龙骨）或压条盖住板缝，板缝不宜直接露在外面，也可避免缝隙宽度不均匀现象，且使板面反射更加强烈。

（6）薄板天棚　是指面层用一等杉薄板，刨光拼缝，再按一定间距抽刻直线条以做装饰用，满铺钉在龙骨下边，然后再按需要另行涂刷油漆。

（7）胶合板天棚　是我国传统的木装修工艺，以五夹板或三夹板装于天棚龙骨木筋上，并涂刷油漆，使之明亮光滑、木纹清晰、色泽一致、线条顺直。其装饰效果清丽雅致、轻巧舒适，施工操作简便，被广泛应用于中、高档民用建筑室内顶棚装饰，如图3-3所示。

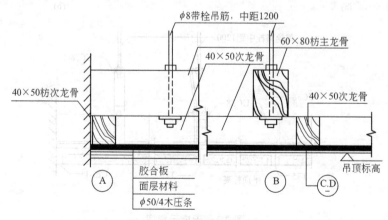

图 3-3　胶合板天棚示意图

（8）天棚面层　是指与天棚龙骨架相配套的饰面板，即是天棚安装的最后一个部位，也称为天棚板。

（9）格栅吊顶　是指采用格栅式单体构件做成的顶棚，也称开敞式吊顶。它是在藻井式顶棚的基础上，发展形成的一种独立的吊顶体系。这种吊顶虽然形成了一个顶棚，但其吊顶的表面却又是开口的。正是这一特征，使格栅类顶棚具有既遮又透的感觉，减少了吊顶的压抑感，另外，格栅类顶棚是通过一定的单体构件组合而成的，可表现出一定的韵律感。格栅吊顶面层适用于木格栅、金属格栅、塑料格栅等。其类型有铝栅吊顶和木栅吊顶等，如图3-4所示。

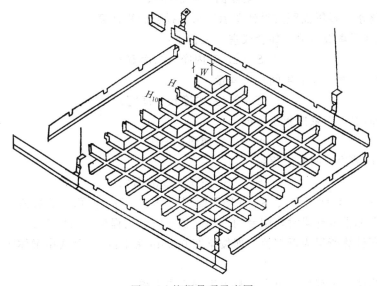

图 3-4　格栅吊顶示意图

（10）灯槽　是指顶棚向上凹进去的部分，其作用是安装各种装饰灯作为顶棚的装饰照明。灯槽平面形状可以是多种多样的，比如平直的正方形、长方形，其四角可以抹圆，此外还有多边形、三角形、弧边形等。

（11）铝合金吊顶　在现代建筑装饰中应用得十分广泛。其主要原因是重量轻，每平方米吊顶材料一般在 3kg 左右；安装方便，施工速度快，安装完毕即可达到装饰目的；铝合金吊顶是金属材料，不仅具有独特的质感，而且平、挺、线条刚劲而明快；龙骨作为承重构件，而同时又是固定板条的卡具；容易满足多功能的要求。

（12）软质顶棚　是指用绢纱、布幔等织物或充气薄膜装饰室内空间的顶部。这类顶棚可以自由地改变顶棚的形状，别具装饰风格，可以营造多种环境气氛，有丰富的装饰效果。例如：在卧室上空悬挂的帐幔顶棚能增加静谧感，催人入睡；在娱乐场所上空悬挂彩带布幔作顶棚能增添活泼、热烈的气氛，在临时的、流动的展览馆用布幔做成顶棚，可以有效地改善室内的视觉环境，并起到调整空间尺度、限定界面等作用。但软质织物一般易燃烧，设计时宜选用阻燃织物。

（13）板条天棚抹灰　是指在板条天棚基层上按设计要求的抹灰材料进行的施工。

（14）混凝土天棚抹灰　是指在混凝土基层上按设计要求的抹灰材料进行的施工。

（15）钢丝网天棚抹灰　是指在钢丝网天棚基层上按设计要求的抹灰材料进行的施工。

（16）送风口及回风口　这是用于室内空调房间的配套装饰物，在空气经中央空调设备（通风机、通风管等）加热、冷却、增湿、减湿和过滤等处理后，具有一定的温度、湿度、清洁度和气流速度，通过送风口进入室内，再经回风口流出。

3.1.2 公式索引

（1）顶棚装饰工程量计算

$$总装饰面积 S = S_地 + S_楼 + S_阳$$

$$楼梯增加 S = S_梯 \times 0.3（或 0.8）$$

$$梁侧面 S = 梁体积 \times 8$$

挑檐、雨篷水平投影面积按设计图示以水平投影面积计算。

① 轻钢龙骨石膏板吊顶（如会议室）工程量：

$$S = \sum（室内净长 \times 净宽）$$

② 水泥砂浆抹面（如卫生间）工程量：

$$S = \sum（室内净长 \times 净宽）$$

③ 其他房间混合砂浆抹灰工程量：

$$S = 总装饰面积 - ① - ②$$

④ 顶棚刷内墙涂料两遍工程量：

$$S = ②的面积 + ③的面积$$

上述式中 $S_地$（地面面积）、$S_楼$（楼面面积）、$S_阳$（阳台面积）的数值从楼地面工程量中查得。阳台下如带悬臂梁时，阳台的顶棚面积＝阳台工程量×系数1.3。

梁侧面面积计算所得为近似值（即按梁宽0.25m考虑的），公式中梁体积从混凝土工程量中查得。

式中 $S_梯$ 为楼梯工程量，可在混凝土工程量中查得。

式中挑檐、雨篷面积从混凝土工程量中查得，雨篷底面有悬臂梁时，其工程量应乘以系数1.2。

式中 $\sum$（室内净长×净宽）为若干房间顶棚面积之和。

⑤ 天棚抹灰的装饰线工程量 分别按三道线以内或五道线以内以延长米计算，另列项目。线脚的道数从每突出的一个棱角为一道线。

（2）吊板天棚工程量计算 公式如下：

① 龙骨工程量：

$$S = \sum（室内净长 \times 净宽）$$

② 天棚饰面工程量：

$$S = \sum（室内净长 \times 净宽）$$

折线、灯槽展开工程量：

$$S = \sum（折线长 \times 槽高）$$

注：扣除柱及窗帘盒所占面积。

3.1.3 参数列表

（1）几种常用 T 形、LT 型铝合金龙骨参考质量表（见表 3-1）

表 3-1　几种常用 T 形、LT 型铝合金龙骨参考质量表

名称		形状及规格	厚度/mm	质量/（kg/m）
大龙骨	轻型		1.2	0.56
	中型		1.50	0.92
	重型		1.50	1.52
中龙骨			1.20	0.20
小龙骨			1.20	0.14
边龙骨	LT 型		1.20	0.18
	LT 型		1.20	0.25
大龙骨	轻型		1.20	0.45
	中型		1.20	0.67
中龙骨			1.0～1.50	0.49
小龙骨			1.0～1.50	0.32
边龙骨	L 形		0.75	0.26
	异型		0.75	0.45

（2）几种常用天棚 U 形轻钢龙骨参考质量表（见表 3-2）

表 3-2　几种常用天棚 U 形轻钢龙骨参考质量表

名称		形状及规格	厚度/mm	质量/(kg/m³)
大龙骨	轻型	(30×12)	1.20	0.45
		(38×12)	1.20	0.56
		(19×50)	0.80	0.63
	中型	(27×60)	0.63	0.61
		(45×15)	1.2	0.67
		(50×15)	1.50	0.92
	重型	(60×30)	1.50	1.52
		(60×27)	1.50	1.37
中龙骨		(19×50)	0.50	0.40
		(27×60)	0.63	0.61
		(19×50)	0.50	0.41
小龙骨		(27×60)	0.63	0.61

（3）顶棚粉刷工程量计算系数参考表（见表3-3）

表 3-3 顶棚粉刷工程量计算系数参考表

序号	项目	单位	工程量系数	备注
1	（钢管混凝土）肋形板顶棚底粉刷	m²	1.20	按水平投影面积×系数
2	（钢管混凝土）密肋小梁顶棚底粉刷	m²	1.40	按水平投影面积×系数
3	（钢管混凝土）雨篷、阳台顶面粉刷	m²	1.70	按水平投影面积×系数
4	（钢管混凝土）雨篷、阳台底面粉刷	m²	0.80	按水平投影面积×系数
5	（钢管混凝土）栏板粉刷	m²	2.10	按垂直投影面积×系数

（4）吊顶龙骨产品规格表（见表3-4）

表 3-4 吊顶龙骨产品规格 单位：mm

名称	承载（主）龙骨			覆面（次）龙骨		
标记	LLD-CB	LLD-CS	LLD-CS	LLD-CB	LLD-CB	LLD-CB
断面规格	CB38×12×1.0	CS50×15×1.2	CS60×27×1.2	CB50×19×0.5	CB50×20×0.6	CB60×27×0.6
断面	⊔	⊔	⊔	⊔	⊔	⊔
重量/（kg/m）	0.45	0.70	1.09	0.39	0.47	0.55
备注	—	—	—	打麻点		

（5）轻钢龙骨规格（见表3-5）

表 3-5 轻钢龙骨规格

产品名称	系列	用途
C形隔墙	C50	用于3.5m以下隔墙
	C75	用于6m以下隔墙
	C100	用于8m以下隔墙
U形吊顶	UC38	用于不上人吊顶
	UC50	用于上人吊顶
	UC60	用于上人，可承受检修荷载吊顶
T形吊顶	TC38	用于不上人吊顶
	TC50	用于上人吊顶
	TC60	用于上人，可承受检修荷载吊顶

（6）隔墙限制高度（见表3-6）

表 3-6 隔墙限制高度

类型	龙骨断面 （高×宽×厚）/mm	限制高度 /m	板厚度 /mm	墙厚 /mm
单排龙骨	50×50×0.63	3.0	8+8	66
	75×50×0.63	3.5	8+8	91
双排龙骨	2—50×50×0.63	3.5	8+8	116
	2—75×50×0.63	4.0	8+8	166

注：表中所列为设计控制高度，如超过限制高度，应设计轻钢横挡，由单项设计解决。龙骨两面均为双层板时，则限制高度可按照上表增加1/5。

（7）轻质硅酸钙吊顶板规格（见表3-7）

表 3-7 轻质硅酸钙吊顶板规格

规格（长×宽） /mm	板材厚度 /mm	重量 /(kg/m²)	表观密度 /(kg/m³)	热导率 /[W/(m·K)]
500×500	15	6	400	0.105
500×500	15	7	500	0.116
500×500	12	7	600	0.128
500×500	10	7	700	0.151
500×500	10	8	800	0.174

3.2 细解经典图形

（1）图形识读　图3-5为天棚骨架和面层示意图，此图为方木楞天棚骨架和面层俯视图。

（2）图形分析　由图3-5可以看出，此天棚是一个由3个相同的矩形所组成。

（3）图中数据解析　图中12000mm指的是天棚面层的长度，6000mm为吊顶天棚面层的宽度，0.24m为两边的墙厚，详细了解了图中各数据的含义，再结合计算规则和计算公式，即可算出所求工程量。

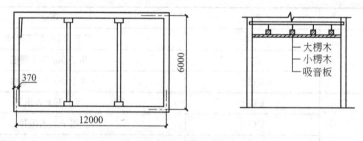

图 3-5　方木楞天棚骨架和面层示意图

（4）计算小技巧　如图3-5所示，若求吊顶天棚的工程量，则可以先计算天棚的净长，然后减去吊顶天棚的净宽度，也就是图示长度减去墙体厚度的尺寸，得出的就是需要做吊顶天棚的工程量。整个图形是个矩形，直接套用计算公式 $S=(12-0.24)\times(6-0.24)$，即可计算出吊顶天棚面层的工程量。

3.3 典型实例

3.3.1 天棚抹灰

【例 3-1】　某工程现浇混凝土井字梁天棚，如图3-6所示水泥砂浆面层，试计算其工程量。

【解】（1）工程量计算

① 定额工程量计算　天棚抹灰工程量计算如下：

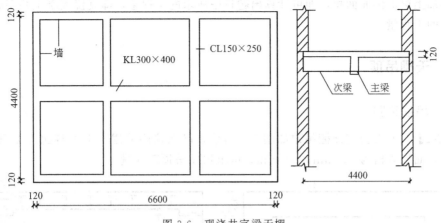

图 3-6 现浇井字梁天棚

天棚抹灰定额工程量＝主墙间的净长度×主墙间的净宽度＋梁侧面面积

$$=(6.60-0.24)\times(4.40-0.24)+(0.40-0.12)\times6.36\times2+(0.25-$$
$$0.12)\times3.86\times2\times2-(0.25-0.12)\times0.15\times4$$
$$=31.95(\mathrm{m^2})$$

注 释

天棚抹灰的工程量计算规则中要求带梁天棚、梁两侧抹灰面积要并入天棚的面积内，式中 6.60m 为墙中心线长，4.40m 为墙中心线宽，0.24m 为 2 倍半墙厚，0.40m 为主梁轴线高度，0.12m 为半墙厚，6.36m 为主梁净长，0.25m 为次梁轴线高度，3.86m 为次梁净长（扣除主、次梁交叉部分的长度），2 表示两个侧面，最后"×2"表示次梁的根数，中括号中最后一项表示主、次梁交叉部分的面积，0.15m 为次梁断面宽度，4 表示数量。

（套用消耗量定额 13-2。）

② 清单工程量计算 清单工程量计算表见表 3-8。

表 3-8 天棚抹灰清单工程量计算表

项目编码	项目名称	项目特征描述	计量单位	工程量
011301001001	天棚抹灰	现浇混凝土井字梁天棚,抹水泥砂浆	m²	31.95

（2）计算规则与注解

① 定额计算规则 按设计图示尺寸以水平投影面积计算。不扣除间壁墙、垛、柱、附墙烟囱、检查口和管道所占的面积，带梁天棚、梁两侧抹灰面积并入天棚面积内，板式楼梯底面抹灰按斜面积计算，锯齿形楼梯底板抹灰按展开面积计算。

② 清单工程量计算方法与定额工程量计算方法相同。

（3）要点点评

① 在计算水泥砂浆面层工程量时，首先要明白其定额以及清单工程量的计算规则，然后结合图纸数据，要注意带梁天棚、梁两侧抹灰面积并入天棚面积内。

② 本题计算的是天棚抹灰工程量，在计算时可先计算主墙间的净长度乘以主墙间的净

宽度，再加上梁的侧面面积，即可计算出题目中所求的工程量，即现浇混凝土井字梁天棚抹水泥砂浆的工程量。

3.3.2 天棚吊顶

3.3.2.1 吊顶天棚

【例 3-2】 某办公室顶棚吊顶如图 3-7 所示，已知顶棚采用不上人装配式 U 形轻钢龙骨石膏板，面层规格为 600mm×600mm，试求顶棚吊顶工程量。

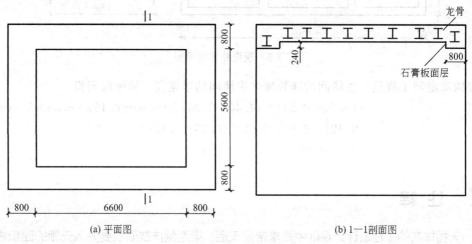

图 3-7 某办公室顶棚吊顶示意图

【解】 （1）定额工程量计算
根据定额有关说明，龙骨与面层应分别列项。
① 轻钢龙骨顶棚工程量计算

$$F = (6.6+0.8\times2)\times(5.6+0.8\times2)$$
$$= 8.2\times7.2$$
$$= 59.04(m^2)$$

② 石膏板面层工程量计算

$$F = (6.6+0.8\times2)\times(5.6+0.8\times2)+0.24\times(5.6+6.6)\times2$$
$$= 8.2\times7.2+0.48\times12.2$$
$$= 59.04+5.86$$
$$= 64.90(m^2)$$

注 释

轻钢龙骨顶棚工程量按主墙间净空面积计算，石膏板面层工程量按实铺展开面积计算，以平方米为单位计算。0.8m 为面层超出龙骨部分，0.24m 为展开宽度，(5.6+6.6)× 2m 为展开周长。

（2）清单工程量计算
① 轻钢龙骨顶棚工程量计算方法与定额工程量计算方法相同。

② 石膏板面层工程量

$$F = (6.6 + 0.8 \times 2) \times (5.6 + 0.8 \times 2)$$
$$= 8.2 \times 7.2$$
$$= 59.04 (\text{m}^2)$$

注释

轻钢龙骨顶棚工程量按水平投影面积计算，跌级、锯齿状吊顶面积不展开计算。(6.6+0.8×2)m 指水平投影总长，(5.6+0.8×2)m 指水平投影总宽。

清单工程量计算见表 3-9。

表 3-9 吊顶天棚清单工程量计算表

项目编码	项目名称	项目特征描述	计量单位	工程量
011302001001	吊顶天棚	顶棚采用不上人装配式 U 形轻钢龙骨石膏板	m²	59.04

3.3.2.2 格栅吊顶

【例 3-3】 某办公室采用木格栅吊顶，规格为 150mm×150mm×80mm，如图 3-8 所示，试求其工程量。

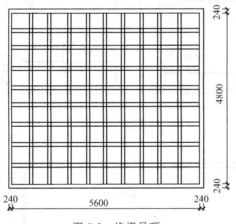

图 3-8 格栅吊顶

【解】 （1）定额工程量计算

$$工程量 = 5.6 \times 4.8$$
$$= 26.88 (\text{m}^2)$$

（套用消耗量定额 13-220。）

注释

各种天棚吊顶按主墙间净面积计算，5.6m 表示格栅吊顶的净长度，4.8m 表示格栅吊顶的净宽度。

（2）清单工程量计算 清单工程量计算方法与定额工程量计算方法相同。
清单工程量计算见表 3-10。

表 3-10 格栅吊顶清单工程量计算表

项目编码	项目名称	项目特征描述	计量单位	工程量
011302002001	格栅吊顶	办公室采用木格栅吊顶，规格为 150mm×150mm×80mm	m²	26.88

3.3.2.3 藤条造型悬挂吊顶

【例 3-4】 某宾馆有如图 3-9 所示单间客房 15 间，断面如图 3-10 所示，试计算铝合金顶棚工程量。

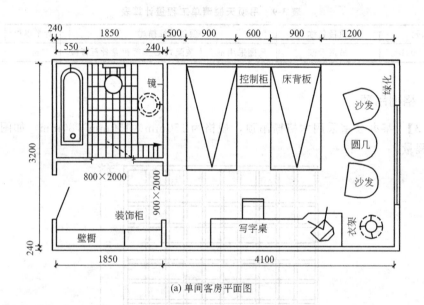

(a) 单间客房平面图

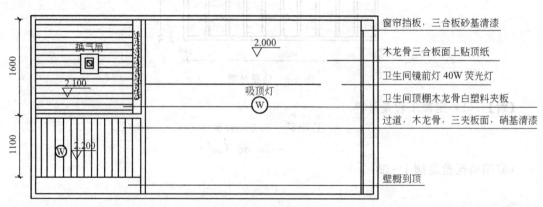

(b) 单间客房顶棚图

图 3-9 单间客房顶棚图

【解】 （1）定额工程量计算

由于客房各部位顶棚做法不同，应分别计算。

① 房间顶棚工程量计算

$$工程量＝（4-0.12-0.24）\times 3.2$$
$$＝11.65（m^2）$$

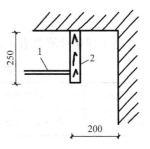

图 3-10　单间客房窗帘盒断面

1—天棚；2—窗帘盒

注 释

根据图示，(4-0.12-0.24)m 是房间顶棚的长，0.12m 是左侧墙的厚度，3.2m 是墙宽。

② 走道顶棚工程量计算

$$工程量＝(1.85-0.12)\times(1.1-0.12)$$
$$＝1.70(m^2)$$

注 释

根据图 3-9（a）、图 3-9（b）所示，(1.85-0.12）m 是走道顶棚的长，(1.1-0.12)m 是宽，其中 0.24m 是墙厚，0.12m 是一侧的墙厚。

③ 卫生间天棚工程量计算

$$工程量＝(1.6-0.24)\times(1.85-0.12)$$
$$＝2.35(m^2)$$

注 释

（1.6-0.24）m 是卫生间天棚的宽，(1.85-0.12)m 是长。

（套用消耗量定额 13-127。）

（2）清单工程量计算

$$顶棚工程量＝12.42＋1.7＋2.35）$$
$$＝16.47（m^2）$$

注 释

顶棚工程量是三部分的和。

清单工程量计算见表 3-11。

表 3-11　藤条造型悬挂吊顶清单工程量计算表

项目编码	项目名称	项目特征描述	计量单位	工程量
011302004001	藤条造型悬挂吊顶	铝合金挂片	m²	16.47

3.3.3　天棚其他装饰

3.3.3.1　灯带（槽）

【例 3-5】　某酒店为庆祝一宴会，安装铝合金灯带，如图 3-11 所示，试求其工程量。

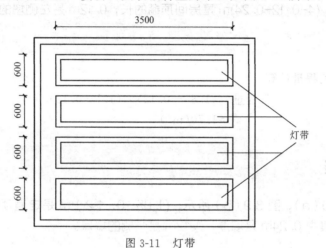

图 3-11　灯带

【解】　（1）定额工程量计算

$$工程量 = 0.6 \times 3.5$$
$$= 2.10 (m^2)$$
$$总工程量 = 2.1 \times 4$$
$$= 8.40 (m^2)$$

注 释

灯带工程量按设计图示尺寸以框外围面积计算，0.6m 为铝合金灯带的宽度，3.5m 为铝合金灯带的长度，（0.6×3.5）m² 为一个灯带的工程量，2.1m² 为一个铝合金灯带的工程量，共有 4 个铝合金灯带故应乘以 4，2.1×4 为 4 个铝合金灯带的工程量。

（套用消耗量定额：胶合板面为 13-235，细木工板面为 13-236，送风口为 13-239，回风口为 13-240。）

（2）清单工程量计算　清单工程量计算见表 3-12。

表 3-12　灯带清单工程量计算表

项目编码	项目名称	项目特征描述	计量单位	工程量
011304001001	灯带	酒店安装铝合金灯带	m^2	8.40

注：按设计图示尺寸以框外围面积计算。

3.3.3.2　送风口、回风口

【例 3-6】　如图 3-12 所示，试计算铝合金送风口和回风口工程量。

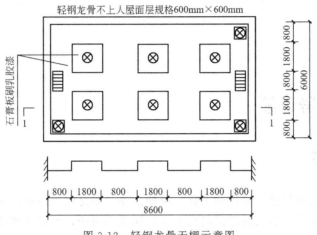

图 3-12　轻钢龙骨天棚示意图

【解】　（1）定额工程量计算

$$铝合金送风口＝1×2＝2(个)$$
$$铝合金回风口＝1×2＝2(个)$$

（套用消耗量定额 13-239、13-240。）

（2）清单工程量计算　清单工程量计算方法与定额工程量计算方法一样。

清单工程量计算见表 3-13。

表 3-13　送风口、回风口清单工程量计算表

项目编码	项目名称	项目特征描述	计量单位	工程量
011304002001	送风口、回风口	铝合金送风口、回风口	个	4

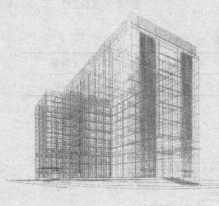

第4章
油漆、涂料、裱糊工程

4.1 知识引导讲解

4.1.1 术语导读

（1）油漆　人们沿用已久的习惯名称。早期油漆主要是以干性植物油和天然漆为基本原料，故称油漆。现在的新型人造漆已趋向于少用油或不用油，而以水代油，主要成膜物质改用有机合成的各种树脂，所以统称为涂料。凡涂饰于物体表面能与基体材料很好黏结并形成完整而坚韧保护膜的物料，称为涂料。

（2）刷浆材料　基本上可分为胶凝材料、胶料以及颜料三部分。

（3）胶凝材料　主要有大白粉（白垩粉）、可赛银（酪素涂料）、干墙粉、熟石灰、水泥等。

（4）内墙涂料　主要品种有106涂料、803涂料、改进型107耐擦洗内墙涂料、FN-841涂料、206内墙（氯-偏乳液内墙涂料）、过氯乙烯内墙涂料等。

（5）外墙涂料　主要品种有JGY822无机外墙涂料、104外墙涂料、乳液涂料、丙烯酸乳液涂料、乙丙乳液厚质涂料、氯-醋-丙共聚乳液涂料、彩砂涂料、苯乙烯外墙涂料、彩色滩涂涂料等。

（6）裱糊材料　包括在墙面、柱面及天棚面裱贴墙纸或墙布。预算定额分为墙纸、金属墙纸和织锦缎三类。

（7）基层处理　指包括清扫，填补缝隙，磨砂纸，接缝处糊条（石膏板或木料面），刮腻子，磨平，刷涂料（木料堑面）或底胶一遍（抹灰面、混凝土面或石膏板面）的一系列施工过程。

（8）对花裱糊　指先垂直面，后水平面，先保证垂直后对花拼接。对于有图案的墙纸，裱糊采用对接法，拼接时先对图案后拼缝，从上而下图案吻合后再用刮板刮胶、赶实、擦净多余胶液。

（9）门油漆　门一般为金属门和木门。金属门和木门一般采用调合漆和磁漆。门油漆中常用的调合漆有各色油性调合漆、各色油性无光调合漆、各色酯胶调合漆、各色酚醛调合漆、各色醇酸酯胶调合漆、各色醇酸调合漆、各色聚酯胶调合漆。常用的磁漆有各色酯胶磁漆、各色酚醛磁漆、各色醇酸磁漆。

（10）涂刷油漆　施工方法有刷涂、喷涂、擦涂、弹涂、滚涂和揩涂等多种，方法的选择与所用涂料性质有关。油漆等级划分及组成见表 4-1。

表 4-1　油漆等级划分及组成

基层种类	油漆名称	油漆等级		
		普通	中级	高级
木材面	混色油漆	底层:干性油 面层:一遍厚漆	底层:干性油 面层:一遍厚漆,一遍调合漆	底层:干性油 面层:一遍厚漆,一遍调合漆,一遍树脂漆
	清漆	—	底层:酯胶清漆 面层:酯胶清漆	底层:酚醛清漆 面层:酚醛清漆
金属面	混色油漆	底层:防锈漆 面层:防锈漆	底层:防锈漆 面层:一遍厚漆,一遍调合漆	—
抹灰面	混色油漆	—	底层:干性油 面层:一遍厚漆,一遍调合漆	底层:干性油 面层:一遍厚漆,一遍调合漆,一遍无光油

（11）刷虫胶清漆　一般是按从左到右、从上到下、从前到后、先内后外的顺序刷涂。一般要连续刷涂 2～3 遍，使每遍色泽逐渐加深。冬季涂饰时，要保持室温在 15℃以上，以免出现漆膜泛白现象，为了防止泛白，可在虫胶清漆中加入 4% 的松香酒精溶液。

（12）封檐板　指堵塞檐口部分的板。封檐是檐口外墙高出屋面，将檐口包住的构造做法。

（13）挂镜线　用于室内悬挂字画的装饰线，有美化墙面的作用，一般低于顶面 20～30cm，特别是在未安装木墙裙的房间，挂镜线可以提高墙面的整体装修效果。如图 4-1 所示。挂镜线按材质可分为本质挂镜线、塑料挂镜线、不锈钢或镀钛金等金属挂镜线。目前家庭装修中使用较多的是重量轻、易安装的木质及塑料挂镜线两种。挂镜线的选用应根据房间的墙面色彩和装饰材料的材质决定，在色彩上要与墙面有所变化，材质上要同墙面饰材相适应。

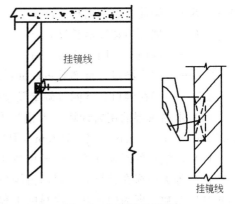

图 4-1　挂镜线示意图

（14）踢脚线　即楼地面与内墙脚相交处的护壁层，主要是为了保护内墙角免遭破坏，并可保持表面清洁。若为木质，即成木踢脚线，工程量按长×宽以面积计算。踢脚线如图 4-2 所示。

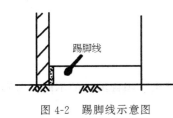

图 4-2　踢脚线示意图

（15）物理性防锈漆　靠颜料和成膜物的适当配合形成不透水涂膜，阻止腐蚀性物质的进入。

（16）化学性防锈漆　靠防锈颜料的化学抑锈作用。

（17）裱糊　即用墙纸或墙布装饰在内墙面上，形成一定的装饰效果。

（18）墙纸裱糊　指用墙纸或墙布对室内的墙、柱面、顶棚进行装饰的工程。墙纸具有装饰性好，图案、花纹丰富多彩，材料质感自然，功能多样等优点。除了装饰功能外，有的墙纸还具有吸声、隔热、隔潮、防霉、防水和防火等功能。

4.1.2 公式索引

（1）估算油漆用量，首先需要计算被涂面积（m²），再从油漆的产品技术条件里查到这种油漆的使用量（g/m²），两者相乘再除以1000，即得这种油漆每平方米涂刷的用量（kg）。

若以100％固体含量计，每千克油漆涂刷面积与厚度关系见表4-2。

表4-2 油漆涂刷面积与厚度关系表

涂刷面积/m²	100	50	33.3	25.0	20.0	16.7	14.3	12.5	11.1	10.0
涂层厚度/μm	10	20	30	40	50	60	70	80	90	100

涂层厚度可用下列公式求出：

$$涂层厚度（μm）=\frac{所耗漆量（kg）×固体含量（％）}{固体含量比重×涂刷面积（m²）}×1000$$

将油漆固体含量（不挥发部分）所占容积的百分数乘以油漆涂刷面积的厚度，即得涂层总厚度。

（2）各油漆工程量系数可用下列公式求出：

各油漆工程量系数＝各辖属项目的油漆面积系数/该基本项目油漆面积系数

（3）墙面喷塑工程量按墙面喷塑图示尺寸面积计算，单位为平方米。即

$$S=L×H-\sum S_d+\sum S_c$$

式中　S——墙面喷塑的面积，m²；

L——墙面喷塑图示长度，m；

H——墙面喷塑图示高度，m；

$\sum S_d$——门窗洞口、空圈等占墙面的面积，m²；

$\sum S_c$——门窗洞口、空圈等侧壁及顶面喷塑面积，m²。

（4）木窗帘棍的用料计算　木棍长度可按每根152cm、直径为3.5cm计算，托架木按15.5cm（长）×10cm（宽）×4cm（厚）计算用料量。

（5）挂镜线的断面计算　一般可按4.7cm（宽）×2.5cm（厚）进行计算。

（6）各类门窗在计算时，以门窗洞口的宽×高的单面面积作为实物面积计算的基础，然后再乘以系数，即为门窗施工涂料的工程量，可用下式表示：

门（窗）工程量＝宽×高×系数

（7）墙面贴装饰纸　其工程量按装饰纸（对花墙纸、不对花墙纸、金属墙纸、织锦缎）的不同，分别按墙实贴面积计算。即

$$S_q=墙长×墙高-S_d+S_c$$

式中　S_q——墙面贴装饰纸的工程量，m²；

S_d——门窗洞口、空圈所占墙面面积，m²；

S_c——门窗洞口、空圈侧面、顶面贴装饰纸的面积，m²。

（8）柱面贴装饰纸　其工程量按装饰纸（对花墙纸、金属墙纸、织锦缎）的不同，分别按柱外表面实贴面积计算，即

$$S_2=柱周长×柱高$$

式中 S_2——柱面贴装饰纸的工程量（m^2）。

（9）喷刷涂料的工程量按下式计算：

$$喷涂工程量＝喷涂长度\times喷涂宽度－大于0.3m^2的未涂面积$$

4.1.3 参数列表

（1）抹灰面工程量系数表（见表4-3）

表 4-3 抹灰面工程量系数表

项目名称	系数	工程量计算方法
槽形底板、混凝土折板	1.30	长×宽
有梁板底	1.10	
密肋、井字梁底板	1.50	
混凝土平板式楼梯底	1.30	水平投影面积

（2）木材面的油漆面积系数表（见表4-4）

表 4-4 木材面的油漆面积系数表

项目名称	油漆面积系数	项目名称	油漆面积系数
① 单层木门	2.40	④ 其他木材面	1.21
双层（一板一纱）木门	3.27	木板、纤维板、胶合板天棚、檐口	
双层（单裁口）木门	4.80		
单层全玻门	1.99	清水板、条板天棚和檐口	1.30
木百叶门	3.00	木方格吊顶天棚	1.45
厂库房大门	2.64	吸音板墙面和天棚面	1.05
② 单层玻璃窗	2.00	鱼鳞板墙	3.00
双层（一玻一纱）窗	2.73	木护板和墙裙	1.10
双层（单裁口）窗	4.00	窗台板、筒子板、盖板	1.00
三层（二玻一纱）窗	5.20	暖气罩	1.55
单层组合窗	1.65	屋面板（带檩条）	1.34
双层组合窗	2.25	木间壁、木隔断	2.30
木百叶窗	3.00	玻璃间壁、露明墙筋	2.00
③ 木扶手（不带托板）	0.23	木栅栏、木栏杆（带扶手）	2.20
木扶手（带托板）	0.60	木屋架	2.16
窗帘盒	0.47	衣柜、壁柜	1.10
封檐板、顺水板	0.40	零星木装修	1.05
挂衣板、黑板框、生活园地框	0.12	⑤ 木地板、木踢脚板	1.00
挂镜线、窗帘棍	0.08	木楼梯（不包括底面）	2.30

（3）门窗涂料工程量系数表（见表 4-5）

表 4-5 门窗涂料工程量系数表

项目	1	2	3	4	5	6	7	8	9	10
	普通门带纱	全玻门	木板移门	半百叶门	厂房大门	玻窗带纱	百叶窗	双层玻璃窗	玻璃间壁	钢门窗带纱
计算基础	门单面面积					窗单面面积				钢门窗单面面积
系数	1.5	0.65	1	1.3	1.2	1.7	1.8	1.7	1.1	1.42
项目	11	12	13	14	15	16	17	18	19	
	钢门窗带铁栅	双层钢门窗	射线防护门	半截钢百叶窗	全钢板门	钢折叠门	钢百叶门窗	钢平开、推拉门	钢丝网大门	
计算基础	钢门窗单面面积									
系数	1.86	1.50	2.83	2.08	1.54	2.17	2.60	1.61	0.76	

（4）金属面的油漆面积系数表（表 4-6）

表 4-6 金属面的油漆面积系数表

项目名称		油漆面积系数	项目名称		油漆面积系数
单层钢门窗	单层钢门窗	1.35	其他金属面	钢屋架、天窗架、挡风架、屋架梁、支撑、檩条	0.38
	双层(一玻一纱)钢门窗	2.00		墙架(空腹式)	0.19
	钢百叶钢门	3.70		墙架(格板式)	0.31
	半截百叶钢门	3.00		钢柱、吊车梁、花式梁柱、空花构件	0.24
	满钢门或包铁皮门	2.20			
	钢折叠门	3.10		操作台、走台、制动梁、钢梁、车挡	0.27
	射线防护门	4.00			
	厂库房平开、推拉门	2.30		钢栅栏门、栏杆、窗栅	0.65
	铁丝网大门	1.10			
	间壁	2.50		钢爬梯	0.45
	平板屋面	1.00		轻型屋架	0.54
	瓦垄板屋面	1.20		踏步式钢扶梯	0.40
	排水、伸缩缝盖板	1.05		零星铁件	0.50
	吸气罩	2.20			

（5）抹灰面乳胶漆二遍的用料计算表（表 4-7）

表 4-7　抹灰面乳胶漆二遍的用料计算表

项目名称	抹腻子	批刮腻子	乳 胶 漆		取用量	损耗	定额耗用
	1.5kg	15kg	头遍	二遍	/kg	率/%	量/100m²
滑石粉		13.20			13.20	5	13.86kg
羧甲基纤维素	0.03	0.30			0.33	3	0.34kg
聚醋酸乙烯乳液	0.15	1.50			1.65	3	1.70kg
大白粉	1.32				1.32	8	1.43kg
乳胶漆			12.00	15.00	27.00	3	27.81kg
砂纸	2	2	2				6 张
白布	0.014m²/工日×3.8工日						0.05m²

4.2 　细解经典图形

（1）图形识读

图 4-3 为墙裙油漆面层示意图，此图为房间内墙裙刷防火涂料面层的平面图。

（2）图形分析

由图 4-3 可以看出，此房间是由一个矩形所组成。

（3）图中数据解析

图中 5240 指的是为横向外墙外边线之间间距，3240 为纵向外墙外边线之间间距，240 为墙厚，1500 为墙裙高度，900 为门洞宽度，详细了解了图中各数据的含义再结合计算规则和计算公式即可算出所求工程量。

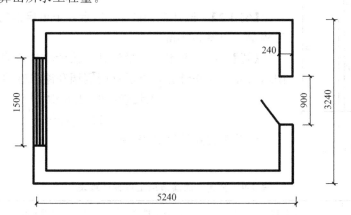

图 4-3　某房间内墙裙刷防火涂料面层的平面图

（4）计算小技巧

如图 4-3 所示，若求房间内墙裙刷防火涂料面层的工程量，则可以先计算房间的总长，再乘以墙裙的高度，然后减去应扣除面积，加上应增加的面积，得出的就是需要做刷油漆墙裙的工程量。整个图形是个矩形，直接套用计算公式：墙裙油漆的工程量＝长×高－∑应扣除面积＋∑应增加面积，即可计算出墙裙刷防火涂料面层的工程量。

4.3 典型实例

4.3.1 门油漆

4.3.1.1 木门油漆

【例 4-1】 如图 4-4 所示，试计算双层（单裁口）木门刷清漆一遍的工程量。

【解】 清单工程量 $=2.1 \times 0.9$

$\qquad = 1.89$（m²）

清单工程量计算见表 4-8。

表 4-8 木门油漆清单工程量计算表

项目编码	项目名称	项目特征描述	计量单位	工程量
011401001001	木门油漆	双层（单裁口）木门，刷清漆一遍	m²	3.78

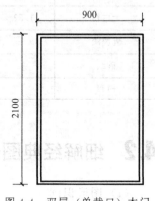

图 4-4 双层（单裁口）木门

注：双层（单裁口）木门油漆的展开面积系数为 4.80，其工程量系数为 2.00，单裁口即安装单层木门窗框上的裁口线，工程量系数为 2.00，1.36 是双层（一玻一纱）木门油漆工程量计算系数。

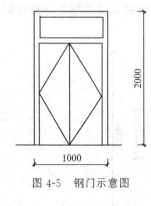

图 4-5 钢门示意图

4.3.1.2 金属门油漆

【例 4-2】 试计算如图 4-5 所示 6 个单层钢门刷调和漆二遍的工程量（门厚 30mm）。

【解】 （1）清单工程量计算 按清单计算规则如下：按设计图示尺寸以面积计算，单层钢门刷调和漆二遍的工程量。

$\qquad$ 工程量 $=6 \times 1.0 \times 2.0$

$\qquad\qquad = 12.00$（m²）

清单工程量计算见表 4-9。

表 4-9 金属门油漆清单工程量计算表

项目编码	项目名称	项目特征描述	计量单位	工程量
011401002001	金属门油漆	刷调和漆二遍	m²	12.00

（2）定额工程量计算 定额工程量按金属构件刷油漆的面积计算，6 个单层钢门刷调和漆二遍的工程量套用 2015 消耗量定额 14-172。

$\qquad$ 工程量 $=6 \times 1.0 \times 2.0 \times 1.00$

$\qquad\qquad = 12.00$（m²）

$\qquad\qquad = 0.12$（100m²）

4.3.2 窗油漆

4.3.2.1 木窗油漆

【例 4-3】 计算图 4-6 所示小型房间木门窗润油粉、刮腻子、刷聚氨酯漆三遍的工程量。

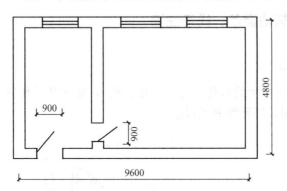

图 4-6 小型房间平面图

注：1. 木窗尺寸为 $b \times h = 2100\text{mm} \times 1800\text{mm}$，双层木窗（单裁口）。

2. 木门尺寸为 $b \times h = 900\text{mm} \times 2200\text{mm}$，单层木门。

【解】 木窗润油粉、刮腻子、刷聚氨酯漆的工程量为：

$$2.1 \times 1.8 \times 3 = 11.34 \ (\text{m}^2)$$

木门润油粉、刮腻子、刷聚氨酯漆的工程量为：

$$0.9 \times 2.2 \times 2 = 3.96 \ (\text{m}^2)$$

合计：$11.34 + 3.96 = 15.30 \ (\text{m}^2)$

清单工程量计算见表 4-10。

表 4-10 木窗油漆清单工程量计算表

项目编码	项目名称	项目特征描述	计量单位	工程量
011402001001	木窗油漆	木窗	m²	11.34
011402001002	木门油漆	木门	m²	3.96

4.3.2.2 金属窗油漆

【例 4-4】 如图 4-7 所示，一樘双层普通钢窗（洞口尺寸为 $1.8\text{m} \times 1.5\text{m}$），试求刷调和漆两遍的工程量。

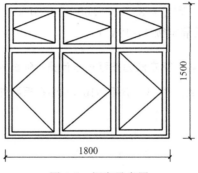

图 4-7 钢窗示意图

【解】 清单工程量计算见表 4-11。

表 4-11　金属窗油漆清单工程量计算表

项目编码	项目名称	项目特征描述	计量单位	工程量
011402002001	金属窗油漆	钢窗，刷调和漆两遍	m²	2.70

4.3.3　木扶手及其他板条、线条油漆

4.3.3.1　木扶手油漆

【例 4-5】　如图 4-8 所示的木扶手栏杆（带托板），现在某工作队要给扶手刷底油一遍、调和漆二遍、磁漆一遍，试计算其工程量。

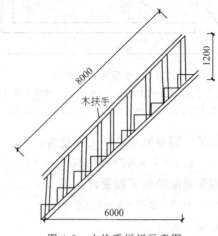

图 4-8　木扶手栏板示意图

【解】 （1）清单工程量计算

$$工程量 = 8.00m$$

清单工程量计算见表 4-12。

表 4-12　木扶手油漆清单工程量计算表

项目编码	项目名称	项目特征描述	计量单位	工程量
011403001001	木扶手油漆	扶手刷一层防腐漆，刷底油一遍、调和漆二遍、磁漆一遍	m	8.00

（2）定额工程量计算

$$工程量 = 8.00 \times 2.60 = 20.80（m）$$

（套用全国统一 1995 消耗量定额 11-423。）

注：套用定额计算时，工程量计算方法为按延长米计算，延长米是各段尺寸的累积长度。计算时，需乘以一个折算系数。木扶手分不带托板和带托板两种，本题是带托板的扶手栏杆，所以其折算系数为 2.60。

4.3.3.2　窗帘盒油漆

【例 4-6】　如图 4-9 所示的金属窗帘盒，刷两遍调和漆，试求该窗帘盒油漆工程量。

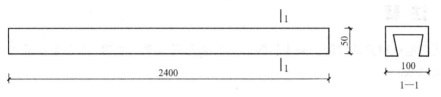

图 4-9 窗帘盒示意图

【解】 （1）清单工程量计算 清单工程量计算见表 4-13。

表 4-13 窗帘盒油漆清单工程量计算表

项目编码	项目名称	项目特征描述	计量单位	工程量
011403002001	窗帘盒油漆	金属窗帘盒,刷调和漆两遍	m	2.40

（2）定额工程量计算 定额工程量计算如下：
$$工程量 = 2.4 \times 2.04$$
$$= 4.896(m)$$

注 释

工程量计算方法按延长米来计算。2.4m 表示金属窗帘盒的长度，2.04 表示窗帘盒工程量折算系数。

（套用全国统一 1995 消耗量定额 11-575。）

4.3.3.3 封檐板、顺水板油漆

【例 4-7】 如图 4-10 所示的顺水板，喷漆，刮腻子，刷漆油，试求该顺水板的工程量。

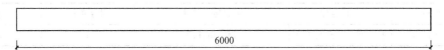

图 4-10 顺水板示意图

【解】 （1）清单工程量计算 清单工程量计算见表 4-14。

表 4-14 顺水板油漆清单工程量计算表

项目编码	项目名称	项目特征描述	计量单位	工程量
011403003001	顺水板油漆	顺水板,喷漆,刮腻子,刷漆油	m	6.00

（2）定额工程量计算 定额工程量计算如下：
$$工程量 = 6 \times 1.7 = 10.2(m)$$
$$= 0.102(100m)$$

注 释

工程量计算方法按延长米来计算。 6m 表示顺水条的长度，1.7 表示顺水条工程量折算系数。

（套用 2015 消耗量定额 14-205。）

4.3.3.4 挂衣板、黑板框油漆

【例 4-8】 如图 4-11 所示为一黑板框，单独木线条长度为 200mm，求给黑板框刷油漆的工程量。

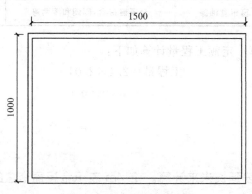

图 4-11 黑板框示意图

【解】 （1）清单工程量计算

$$工程量 = (1+1.5)\times2$$
$$= 5(m)$$

清单工程量计算见表 4-15。

表 4-15 挂衣板、黑板框油漆清单工程量计算表

项目编码	项目名称	项目特征描述	计量单位	工程量
011403004001	挂衣板、黑板框油漆	刷防腐油漆	m	5.00

（2）定额工程量计算

$$工程量 = (1+1.5)\times2\times0.5$$
$$= 2.50(m)$$
$$= 0.025(100m)$$

注 释

清单法计算时按设计图示尺寸以长度计算，定额的计算方法是按延长米计算，由于单独木线条长度大于 100mm，所以其系数为 0.5。（套用 2015 消耗量定额 14-37。）

4.3.3.5 挂镜线、窗帘棍、单独木线油漆

【**例 4-9**】 求如图 4-12 所示木线条刷油漆的工程量。

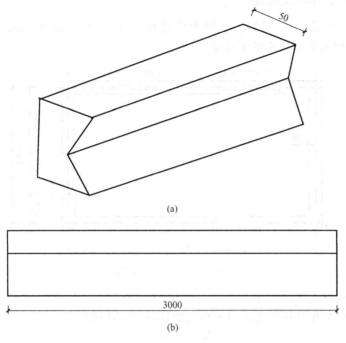

(a)

3000

(b)

图 4-12 单独木线条示意图

【解】 （1）清单工程量计算

$$工程量 = 3m$$

清单工程量计算见表 4-16。

表 4-16 挂镜线、窗帘棍、单独木线油漆清单工程量计算表

项目编码	项目名称	项目特征描述	计量单位	工程量
011403005001	挂镜线、窗帘棍、单独木线油漆	木线条	m	3.00

（2）定额工程量计算

$$工程量 = 3 \times 0.35$$
$$= 1.05(m)$$

注 释

定额法计算工程量时，按延长米计算，因为木线条长度在 100mm 以内，所以取系数 0.35。（套用全国统一 1995 消耗量定额子目 11-412。）

4.3.4 木材面油漆

4.3.4.1 木护墙、木墙裙油漆

【例4-10】 如图4-13所示，已知木墙裙高1.2m，窗台高900mm，窗洞侧油漆宽100mm，试求房间内墙裙油漆的工程量。

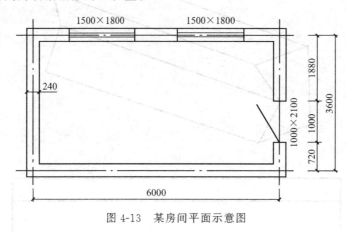

图4-13 某房间平面示意图

【解】 （1）清单工程量计算

墙裙油漆清单工程量计算方法与定额工程量计算方法相同。

$$S=19.91m^2$$

清单工程量计算见表4-17。

表4-17 木护墙、木墙裙油漆清单工程量计算表

项目编码	项目名称	项目特征描述	计量单位	工程量
011404001001	木护墙、木墙裙油漆	底油一遍，刮腻子，刷调和漆两遍	m²	19.91

说明：工程内容包括：①基层清理；②刮腻子；③刷防护材料、油漆。

（2）定额工程量计算

$$
\begin{aligned}
墙裙油漆工程量 &= 长 \times 高 - 应扣除面积 + 应增加面积\\
&= [(6.0-0.24+3.6-0.24) \times 2 \times 1.2 - 1.5 \times (1.2-\\
&\quad 0.9) \times 2 - 1.0 \times 1.2 + (1.2-0.9) \times 0.1 \times 4] \times 0.83\\
&= (21.888 - 0.9 - 1.2 + 0.12) \times 0.83\\
&= 16.52(m^2)\\
&= 0.165(100m^2)
\end{aligned}
$$

（套用2015消耗量定额14-97。）

4.3.4.2 窗台板、筒子板、盖板、门窗套、踢脚线油漆

【例4-11】 试求如图4-14、图4-15所示门筒子板刷防腐油漆的工程量。

【解】 （1）清单工程量计算

$$
\begin{aligned}
工程量 &= 0.1 \times 1.8 \times 2 + 0.02 \times 1.8 \times 2 + 0.1 \times 0.02 \times 2\\
&= 0.436(m^2)
\end{aligned}
$$

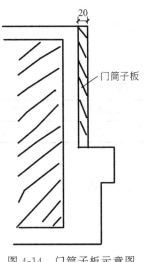

图 4-14　门筒子板示意图

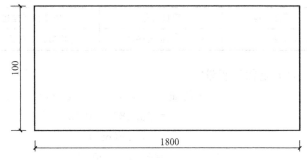

图 4-15　门筒子板立面图

清单工程量计算见表 4-18。

表 4-18　窗台板、筒子板、盖板、门窗套、踢脚线油漆清单工程量计算表

项目编码	项目名称	项目特征描述	计量单位	工程量
011404002001	窗台板、筒子板、盖板、门窗套、踢脚线油漆	筒子板,刷防腐油漆	m²	0.436

（2）定额工程量计算

$$工程量=(0.1×1.8+0.02×1.8+0.1×0.02)×2$$
$$=0.436(m^2)$$
$$=0.04(100m^2)$$

（套用 2015 消耗量定额 14-205。）

4.3.4.3　木方格吊顶天棚油漆

【例 4-12】　如图 4-16 所示，试计算方格吊顶天棚油漆的工程量。

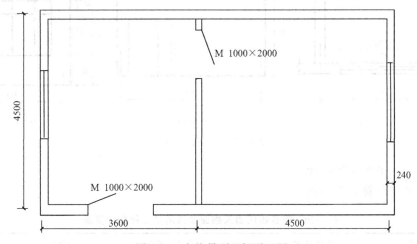

图 4-16　方格吊顶天棚平面图

【解】 （1）清单工程量计算

$$工程量=(3.6+4.5-0.24)×(4.5-0.24)$$
$$=33.48(m^2)$$

清单工程量计算见表 4-19。

表 4-19 木方格吊顶天棚油漆清单工程量计算表

项目编码	项目名称	项目特征描述	计量单位	工程量
011404004001	木方格吊顶天棚油漆	方格吊顶天棚刷油漆	m²	33.48

（2）定额工程量

$$工程量=[(3.6+4.5-0.24)×(4.5-0.24)]×0.83$$
$$=33.4836×0.83$$
$$=27.79(m^2)$$
$$=0.278(100m^2)$$

（套用 2015 消耗量定额 14-100。）

注：天棚装饰面积，按主墙间实铺面积以平方米为单位计算，不扣除间壁墙、检查口、附墙烟囱、附墙垛和管道所占面积，应扣除独立柱及与天棚相连的窗帘盒所占的面积，0.83 为系数。

4.3.4.4 吸音板墙面、天棚面油漆

【例 4-13】 如图 4-17 所示，卧室的墙面采用吸音板，喷涂 2~3 遍面漆，再用水砂纸打磨，使漆面光滑平整，无挡手感。试求其油漆工程量。

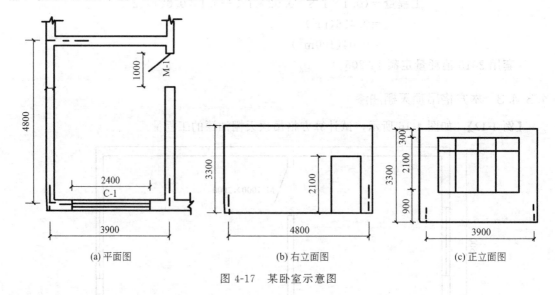

(a) 平面图　　　　(b) 右立面图　　　　(c) 正立面图

图 4-17 某卧室示意图

【解】 （1）清单工程量计算。

清单工程量计算见表 4-20。

表 4-20 吸音板墙面天棚面油漆清单工程量计算表

项目编码	项目名称	项目特征描述	计量单位	工程量
011404005001	吸音板墙面天棚面油漆	吸音板,喷涂 2~3 遍面漆	m²	47.11

（2）定额工程量计算　定额工程量计算如下：

$$工程量=[(4.8-0.24)\times3.3\times2-2.1\times1+(3.9-0.24)\times3.3\times2-2.4\times2.1]\times0.87$$
$$=(27.996+24.156-5.04)\times0.87$$
$$=40.99(m^2)$$
$$=0.4099(100m^2)$$

注　释

　　0.24（即0.12×2）m表示轴线两端所扣除的两个半墙的厚度。（4.8-0.24）m表示卧室左侧墙体的净长，3.3m表示墙体的高度（对应立面图容易看出）。两部分相乘得出卧室左侧墙体内侧所刷油漆的工程量。再乘以2表示卧室左侧和右侧两面墙体内侧所刷油漆的工程量。2.1×1表示应扣除的门洞口所占的面积（1m表示门洞口的宽度，2.1m表示门洞口的高度）。（3.9-0.24）m表示卧室短边方向墙体内侧的净长，3.3m表示墙体的高度。两部分相乘后再乘以2，表示卧室的两个短边方向墙体内侧所刷油漆的工程量。（2.4×2.1）m²表示所扣除的窗洞口所占的面积（2.4m表示窗洞口的宽度，2.1m表示窗洞口的高度），0.87为系数。

（套用2015消耗量定额14-100。）

4.3.4.5　暖气罩油漆

【**例4-14**】　求图4-18所示暖气罩油漆的工程量，已知罩厚为400mm。

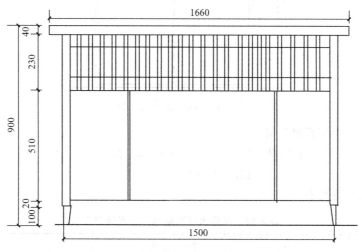

图4-18　木制暖气片罩

【**解**】（1）清单工程量计算

$$工程量=[0.04\times1.66+(0.23+0.51)\times1.5+(0.1+0.02)\times1.5-2\times0.04\times0.02]\times2$$
$$+(0.9-0.04)\times0.4\times2+0.4\times1.66\times2$$
$$=4.73(m^2)$$

清单工程量计算见表4-21。

表 4-21　暖气罩油漆清单工程量计算表

项目编码	项目名称	项目特征描述	计量单位	工程量
011404006001	暖气罩油漆	木制暖气片罩	m²	4.73

（2）定额工程量计算

$$工程量 = \{[0.04 \times 1.66 + (0.23 + 0.51) \times 1.5 + (0.1 + 0.02) \times 1.5 - 2 \times 0.04 \times 0.02] \times 2$$
$$+ (0.9 - 0.04) \times 0.4 \times 2 + 0.4 \times 1.66 \times 2\} \times 0.83$$
$$= 5.02 (m^2)$$
$$= 0.0502 (100 m^2)$$

注：套用 2015 消耗量定额 14-125。

4.3.4.6　其他木材面

【例 4-15】 已知一壁柜内衬胶合板，如图 4-19 所示，现欲涂油漆于胶合板上，试求其工程量。已知柜深为 0.8m。

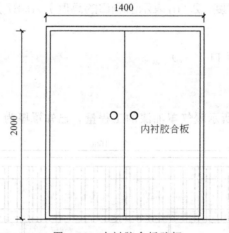

图 4-19　内衬胶合板壁柜

【解】（1）清单工程量计算

$$工程量 = (1.4 \times 0.8 + 2 \times 0.8 + 1.4 \times 2) \times 2$$
$$= 11.04 (m^2)$$

清单工程量计算见表 4-22。

表 4-22　其他木板面清单工程量计算表

项目编码	项目名称	项目特征描述	计量单位	工程量
011404007001	其他木材面	胶合板上	m²	11.04

（2）定额工程量计算

$$工程量 = (1.4 \times 0.8 + 2 \times 0.8 + 1.4 \times 2) \times 2 \times 1.00$$
$$= 11.04 (m^2)$$
$$= 0.1104 (100 m^2)$$

注：运用定额时，参考《执行其他木材面定额工程量系数表》。工程量计算方法为长×宽，系数取为 1.00。在清单下，按设计图示尺寸以面积计算。套用 2015 消耗量定额 14-98 及 14-99。

4.3.4.7　木间壁、木隔断油漆

【例 4-16】　张小姐家的房子里放置一个木隔断，如图 4-20 所示，将空间分为餐厅和客厅，现在张小姐想把木隔断表面刷成她喜欢的浅绿色，试计算工程量。

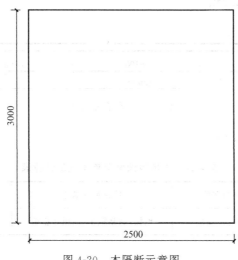

图 4-20　木隔断示意图

【解】　（1）清单工程量计算

$$工程量＝3.0×2.5$$
$$＝7.5(m^2)$$

清单工程量计算见表 4-23。

表 4-23　木间壁、木隔断油漆单工程量计算表

项目编码	项目名称	项目特征描述	计量单位	工程量
011404008001	木间壁、木隔断油漆	木隔断	m²	7.50

（2）定额工程量计算

$$工程量＝0.83×3.0×2.5$$
$$＝6.23(m^2)$$
$$＝0.0623(100m^2)$$

注：应用清单法计算时，其工程量按设计图示尺寸以单面外围面积计算，套用定额时，其工程量按单面外围面积乘以系数计算。在这里，木隔断的系数为 0.83。

（套用 2015 消耗量定额 14-98 及 14-99。）

4.3.4.8　木地板油漆

【例 4-17】　如图 4-21 所示的建筑，其地板为满刮腻子，地板漆三遍，试求其工程量。

【解】　（1）清单工程量计算。

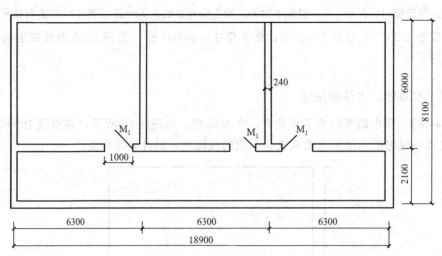

图 4-21 平面布置图

清单工程量计算见表 4-24。

表 4-24 木地板油漆清单工程量计算表

项目编码	项目名称	项目特征描述	计量单位	工程量
011404014001	木地板油漆	地板,满刮腻子,地板漆三遍	m^2	140.15

（2）定额工程量计算

$$工程量 = (6.3-0.24) \times (6-0.24) \times 3 + (6.3 \times 3 - 0.24) \times (2.1-0.24) + (1.0 \times 0.24 \times 3)$$
$$= 6.06 \times 5.76 \times 3 + 18.66 \times 1.86 + 0.72$$
$$= 140.15(m^2)$$
$$= 1.4015(100m^2)$$

注 释

0.24m 表示轴线两端所扣除的两个半墙的厚度。（6.3-0.24）m 表示房间长边方向墙体间的净长,（6-0.24）m 表示房间短边方向墙体间的净长。两部分相乘得出每个房间内地面的净面积。再乘以 3 表示 3 个房间内地面的总面积。（6.3×3-0.24）m 表示走道部分长边方向墙体间的净长,（2.1-0.24）m 表示走道部分短边方向墙体间的净长。（1.0×0.24×3）m^2 表示 3 个 M1 门洞口所增加的地面面积（1.0m 表示门洞口的宽度,0.24m 表示墙体厚度,3 表示有 3 个门洞口）。

（套用 2015 消耗量定额 14-132。）

4.3.4.9 木地板烫硬蜡面

【例 4-18】 如图 4-22 所示房间,地板为木地板烫硬蜡面,试求其工程量。

【解】 （1）清单工程量计算

清单工程量计算见表 4-25。

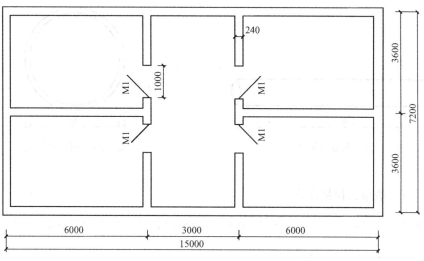

图 4-22　房间示意图

表 4-25　木地板烫硬蜡面清单工程量计算表

项目编码	项目名称	项目特征描述	计量单位	工程量
011404015001	木地板烫硬蜡面	地板为木地板，烫硬蜡面	m²	97.58

（2）定额工程量计算

工程量＝（6－0.24）×（3.6－0.24）×4＋（3－0.24）×（3.6×2－0.24）＋1×0.24×4

　　　＝77.414＋19.21＋0.96

　　　＝97.584（m²）

注 释

0.24m 表示轴线两端所扣除的两个半墙的厚度。（6-0.24）m 表示房间长边方向木地板的净长，（3.6-0.24）m 表示房间短边方向木地板的净长。两部分相乘得出每一个小房间内木地板的净面积。再乘以 4 表示 4 个小房间内木地板的总面积。（3-0.24）m 表示中间走道部分短边方向墙体间的净长，（3.6×2-0.24）m 表示中间走道部分长边方向墙体间的净长。两部分相乘得出中间走道部分墙体间的净面积。（1×0.24×4）m² 表示四个 M1 门洞口所增加的地面面积（1m 表示门洞口的宽度，0.24m 表示墙厚，4 表示有四个门洞口）。

（套全国统一 1995 消耗量定额子目 5-148。）

4.3.5　金属面油漆

【例 4-19】　已知钢的密度为 $7.9×10^3 kg/m^3$，求图 4-23、图 4-24 所示一钢管刷金属油漆的工程量。

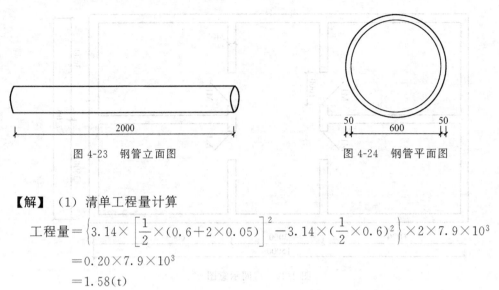

图 4-23 钢管立面图   图 4-24 钢管平面图

【解】 （1）清单工程量计算

$$工程量 = \left\{ 3.14 \times \left[\frac{1}{2} \times (0.6 + 2 \times 0.05) \right]^2 - 3.14 \times \left(\frac{1}{2} \times 0.6 \right)^2 \right\} \times 2 \times 7.9 \times 10^3$$

$$= 0.20 \times 7.9 \times 10^3$$

$$= 1.58(t)$$

清单工程量计算见表 4-26。

表 4-26 金属面油漆清单工程量计算表

项目编码	项目名称	项目特征描述	计量单位	工程量
011405001001	金属面油漆	刷金属油漆	t	1.580

（2）定额工程量计算

$$工程量 = 7.9 \times 10^3 \times 3.14 \times (0.35^2 - 0.3^2) \times 2$$

$$= 1.58(t)$$

（套用全国统一 1995 消耗量定额子目 11-575。）

4.3.6 抹灰面油漆

4.3.6.1 抹灰面油漆

【例 4-20】 试计算如图 4-25 所示房间内墙裙抹灰面乳胶三遍漆（基层清理、刮腻子、刷防护材料油漆）的工程量，已知墙裙高 1.8m，窗台高 1.5m，窗洞侧油漆宽 100mm。

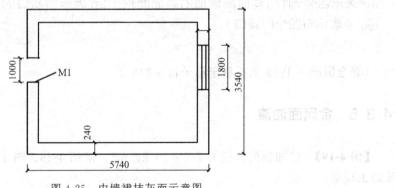

图 4-25 内墙裙抹灰面示意图

【解】 （1）清单工程量计算

墙裙油漆的工程量＝长×高－∑应扣除面积＋∑应增加面积

$$=[(5.74-0.24\times2)\times2+(3.54-0.24\times2)\times2]\times1.8-[1.8\times(1.8-1.5)+1.0\times1.8]+(1.8-1.5)\times0.1\times2$$
$$=27.672(\text{m}^2)$$

清单工程量计算见表 4-27。

表 4-27　抹灰面油漆清单工程量计算表

项目编码	项目名称	项目特征描述	计量单位	工程量
011406001001	抹灰面油漆	内墙裙抹灰面油漆	m²	27.67

（2）定额工程量计算

定额工程量计算同上并乘以系数 0.83，套用 2015 消耗量定额 14-199 及 4-201。

4.3.6.2　抹灰线条油漆

【例 4-21】　如图 4-26 所示二层小楼，试求其抹乳胶漆线条的工程量，乳胶漆线条宽 100mm。

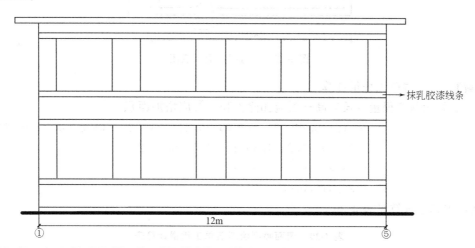

→抹乳胶漆线条

12m

① ⑤

图 4-26　某二层小楼①～⑤立面图

【解】 （1）清单工程量计算

抹乳胶漆线条的工程量＝12×4
$$=48(\text{m})$$

清单工程量计算见表 4-28。

表 4-28　抹灰线条油漆清单工程量计算表

项目编码	项目名称	项目特征描述	计量单位	工程量
011406002001	抹灰线条油漆	抹乳胶漆线条	m	48.00

（2）定额工程量计算

定额工程量计算方法与清单工程量计算方法相同。套用 2015 消耗量定额 14-207。

注：定额计算中要注意抹灰线条油漆的长度区段，不同的长度区在查定额时，所对应的编码不同。

4.3.7 喷刷涂料

4.3.7.1 墙面喷刷涂料

【例4-22】 试计算如图4-27所示，房间墙面刷喷涂料的工程量墙面为混凝土墙，彩砂喷涂，已知窗高1.5m，层高3.3m，窗洞侧涂料宽100mm，门高2.1m，地面上有150mm高的瓷砖贴面。

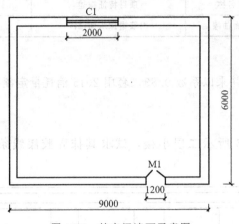

图4-27 某房间墙面示意图

【解】 （1）清单工程量计算

墙面涂料工程量＝长×高－∑应扣除面积＋∑应增加面积

$$=[(9-0.24\times2)\times2+(6-0.24\times2)\times2]\times(3.3-0.15)-[(2.1-0.15)\times1.2+1.5\times2]+1.5\times0.1\times2$$

$$=88.452-5.34+0.3$$

$$=83.412(m^2)$$

清单工程量计算见表4-29。

表4-29 墙面喷刷涂料清单工程量计算表

项目编码	项目名称	项目特征描述	计量单位	工程量
011407001001	墙面喷刷涂料	房间墙面，彩砂喷涂	m²	83.41

（2）定额工程量计算

定额工程量计算方法与清单工程量计算方法相同，套用2015消耗量定额14-242。

4.3.7.2 天棚喷刷涂料

【例4-23】 如图4-28所示的天棚，采用一塑三油喷射点，试求该天棚喷塑的工程量。

【解】 （1）清单工程量计算

$$工程量=(6-0.24)\times(3.9-0.24)+(4.2-0.24)\times(3.9-0.24)$$

$$=21.082+14.494$$

$$=35.576(m^2)$$

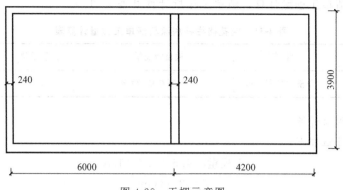

图 4-28　天棚示意图

注释

0.24m 表示轴线两端所扣除的两个半墙的厚度。（6-0.24）m 表示左边房间天棚长边方向的长度，（3.9-0.24）m 表示左边房间天棚短边方向的长度。两部分相乘得出左边房间天棚喷塑的面积。（4.2-0.24）m 表示右边房间天棚长边方向的长度，另一个（3.9-0.24）m 表示右边房间天棚短边方向的长度。两部分相乘得出右边房间天棚喷塑的面积。

清单工程量计算见表 4-30。

表 4-30　天棚喷刷涂料清单工程量计算表

项目编码	项目名称	项目特征描述	计量单位	工程量
011407002001	天棚喷刷涂料	一塑三油喷射点	m²	35.58

（2）定额工程量计算

定额工程量计算方法与清单工程量计算方法相同。

（套用全国统一 2015 消耗量定额 14-246。）

4.3.7.3　空花格、栏杆刷涂料

【例 4-24】　如图 4-29 所示的木制花格，采用喷涂，试求其工程量。

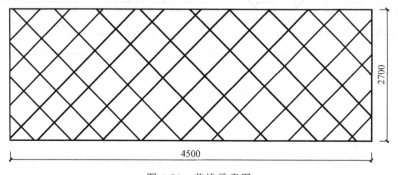

图 4-29　花格示意图

【解】 （1）清单工程量计算 清单工程量计算见表 4-31。

表 4-31 空花格栏杆刷涂料清单工程量计算表

项目编码	项目名称	项目特征描述	计量单位	工程量
011407003001	空花格栏杆刷涂料	木制花格,喷涂	m²	4.5×2.7=12.15

（2）定额工程量计算

定额工程量计算如下：

$$工程量=4.5\times2.7\times1.82$$
$$=22.11(m^2)$$
$$=0.2211(100m^2)$$

注 释

4.5m 表示花格长边方向的长度，2.7m 表示花格短边方向的长度。 两者相乘表示木质花格的喷涂工程量。

（套用 2015 消耗量定额 14-224。）

4.3.7.4 线条刷涂料

【例 4-25】 如图 4-30 所示的建筑，其踢脚板的高度为 300mm，门洞侧面宽 100mm，踢脚板刷涂料，试求该建筑踢脚板涂料的工程量。

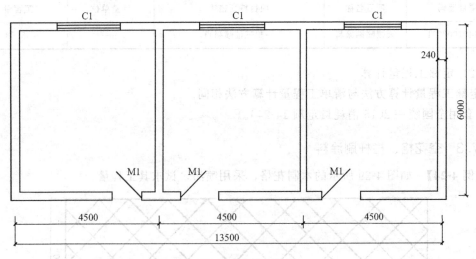

图 4-30 某建筑布置图

注：1. C1 窗户：尺寸（高×宽）为 1800mm×2100mm。
　　2. M1 门尺寸（宽×高）为 1000mm×2700mm。

【解】 （1）清单工程量计算

$$工程量=(4.5-0.24)\times2\times3+(6-0.24)\times2\times3-1\times3+0.1\times6$$
$$=57.72(m)$$

注　释

　　0.24m 表示轴线两端所扣除的两个半墙的厚度。（4.5-0.24）m 表示房间短边方向踢脚板的长度，乘以 2 表示每个房间有两个短边方向。再乘以 3 表示有 3 个房间。（6-0.24）m 表示房间长边方向踢脚板的长度，乘以 2 表示每个房间有 2 个长边方向，再乘以 3 表示有 3 个房间。1×3 表示所扣除的 3 个 M1 门洞口所占的长度（1m 表示门洞口的宽度，3 表示有 3 个门洞口）。（0.1×6）m 表示门洞口侧面所增加的踢脚板的长度（0.1m 表示门洞口侧面的宽度，6 表示有 3 个门洞口且每个门洞有两侧）。

清单工程量计算见表 4-32。

表 4-32　线条刷涂料清单工程量计算表

项目编码	项目名称	项目特征描述	计量单位	工程量
011407004001	线条刷涂料	踢脚板刷涂料,高 300mm	m	57.72

（2）定额工程量计算

定额工程量计算方法与清单工程量计算方法一样。

（套用全国统一消耗量定额 5-271。）

4.3.8　裱糊

4.3.8.1　墙纸裱糊

【例 4-26】 试计算如图 4-31 所示混凝土墙贴不对花装饰纸的工程量，门高 2.5m，窗高 1.5m，层高 3.6m，地面以上有 200mm 的瓷砖贴面。

【解】（1）清单工程量计算

按清单工程量计算规则计算如下：

墙纸裱糊工程量＝总面积－门窗洞口面积

$$= [(7.2-0.24\times2)\times2+(3.6-0.24\times2)\times2]\times(3.6-0.2)-[(2.5-0.2)\times1.5\times2+1.8\times1.5\times2]$$

$$=66.912-12.3$$

$$=54.61(m^2)$$

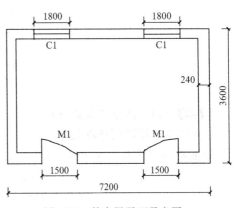

图 4-31　某房屋平面示意图

清单工程量计算见表 4-33。

表 4-33　墙纸裱糊清单工程量计算表

项目编码	项目名称	项目特征描述	计量单位	工程量
011408001001	墙纸裱糊	贴不对花装饰纸	m²	54.61

（2）定额工程量计算

按定额工程量计算同上，套用 2015 消耗量定额 14-258。

注：灰面的油漆、涂料，应注意基层的类型，如一般抹灰墙柱面与拉条灰、拉毛灰、甩毛灰等油漆、涂料的耗工量与材料消耗量不同。

4.3.8.2 墙纸裱糊

【例 4-27】 如图 4-32 所示会议室平面图，墙高 3m，试计算其墙面裱糊织锦缎的工程量。

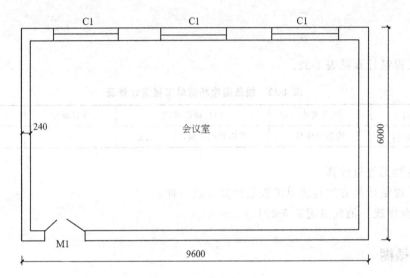

图 4-32 会议室平面图

注：① C1 窗户尺寸（高×宽）为 1500mm×2000mm。

② M1 门尺寸（宽×高）为 1000mm×2000mm。

③ 房间水泥踢脚高度为 150mm。

④ 房间顶棚高度为 3000mm。

【解】 （1）清单工程量计算

按清单计算规则计算如下：

墙面裱糊织锦缎工程量＝[(9.6－0.24×2)×2＋(6.0－0.24×2)×2]×(3.0－0.15)－

　　　　1.5×2×3－1.0×(2－0.15)

　　　　＝83.45－9－1.85

　　　　＝72.6(m²)

清单工程量计算见表 4-34。

表 4-34 织锦缎裱糊清单工程量计算表

项目编码	项目名称	项目特征描述	计量单位	工程量
011408002001	织锦缎裱糊	墙面裱糊织锦缎	m²	72.6

（2）定额工程量计算

按定额工程量计算方法与清单工程量计算方法相同，套用 2015 消耗量定额 14-263。

第5章 其他装饰工程

5.1 知识引导讲解

5.1.1 术语导读

（1）柜台　营业用的台子类器具，式样像柜，用木头、金属、玻璃等制成。

（2）店面橱窗　商业橱窗最普遍、最重要的形式。按位置分，有门面橱窗、入口橱窗和直角橱窗；按平面形式分，有凸出建筑物主体结构、平行和凹进建筑物几种；按剖面形式分，有开敞式、半开敞式和封闭式。其作用一是陈列展示商店的经营内容与特色，吸引人流进入商店；二是造景和分隔；三是美化城市市容环境。

（3）壁橱、吊柜　为了充分利用室内空间，对于室内的一些死角设壁橱；室内上部多余空间（如走道、过厅、卧室床上部、厨房）设吊柜。即增加了储存空间，又不影响下部使用与活动。窗台柜顶层可以和窗台板结合起来设置，柜内可存放物品，或摆设工艺品，陈列产品等。

（4）嵌入式木壁柜　一半嵌入墙体内的木制柜，可用来储存食物或衣服。

（5）货架　是向顾客介绍商店经营的商品的一种展示和宣传形式，又是商店立面装饰的重要组成部分。

（6）暖气罩　在房间放置暖气片的地方，用以遮挡暖气片或暖气管道的装饰物，一般做法是在外墙内侧留槽，槽的外面做隔离罩，此隔离罩常用金属片或夹板制作。当外墙无法留槽时，就只好做明罩。暖气罩是室内装修的重要组成部分，其作用是防止过热的暖气片烫伤人员，亦可使冷、热空气对流均匀和散热，并兼有美化、装饰作用。图5-1为暖气罩构造举例。

（7）洗漱台　卫生间中用于支撑台式洗脸盆，搁放洗漱、卫生用品，同时装饰卫生间，使之显示豪华、气派装修风格的台面。如图5-2所示。

（8）毛巾杆　家居、宾馆、饭店房间内用于悬挂毛巾的杆件，其材质一般有塑料、不锈钢和木材等。一般可直接用螺钉锚固，易于拆卸。

（9）压条　指饰面的平接面、相交面、对接面等的衔接口所用的板条。实际工作中有木压条、塑料条和金属条三种。

（10）装饰条　指分界面、层次面、封口线，以及为增添装饰效果而设立的板条。

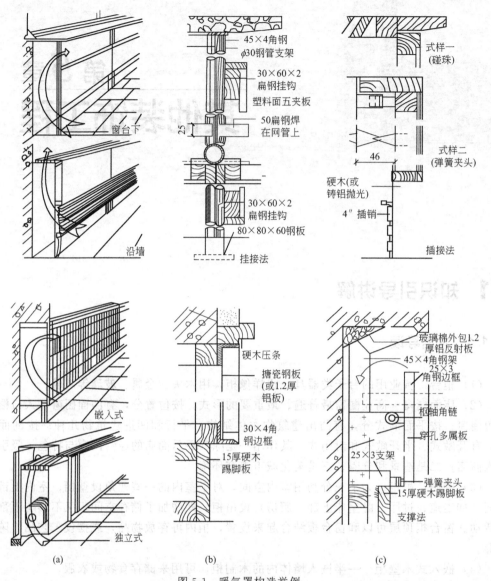

图 5-1　暖气罩构造举例

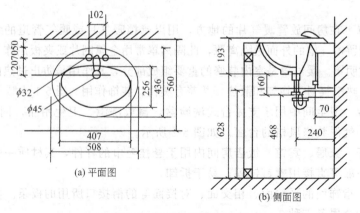

图 5-2　洗漱台安装示意图

(11) 金属装饰线　用于装饰面的压边线、收口线，以及装饰面、装饰镜面的框边线，也可用在广告牌、灯光箱、显示牌上做边框或框架。按材料分为铝合金线条、铜线条和不锈钢线条。断面形状有直角形和槽口形。

(12) 木装饰线　木装饰线按其造型线角的道数，分"三道线内"和"三道线外"两类，每类又按木装饰条宽度在 25mm 以内、50mm 以内、50mm 以外套用定额。常用木装饰线如图 5-3 所示。

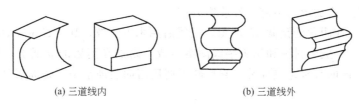

(a) 三道线内　　　　　　　(b) 三道线外

图 5-3　木装饰线

(13) 石材装饰线　与其他装饰线条一样是用于装饰工程中各种平接面、相反面、分界面、层次面、对接面的衔接处，以及交接口的收口封边材料。选用的材质多为进口大理石或花岗岩，常见的石材线条截面如图 5-4 所示。

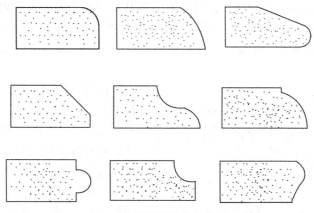

图 5-4　常见石材线条截面

(14) 石膏装饰线　以半水石膏为主要原料，掺加适量增强纤维、胶结剂、促凝剂、缓凝剂，经料浆配制，浇注成型，烘干而制成的线条。它具有重量轻、易于锯拼安装、价格低廉、浮雕装饰性强的优点。

石膏装饰线第一种常见安装施工方法如图 5-5 所示。

石膏装饰线第二种常见安装施工方法如图 5-6 所示。

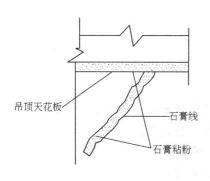

图 5-5　石膏装饰线施工之一

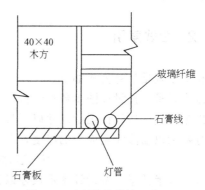

图 5-6　石膏装饰线施工之二

（15）铝合金线条 用纯铝加入锰、镁等合金元素后，挤压而制成的条状装饰线条。其具有轻质、高强、耐蚀、耐磨、刚度大等优良性能。其表面经过阳极氧化着色表面处理，有鲜明的金属光泽，耐光和耐气候性能良好。

（16）塑料装饰线 用硬质聚氯乙烯塑料制成，是目前装饰工程中常用的一种装饰线，主要用于墙面，天花板压边封口线，也可作为家具的收边装饰线，包括压角线、压边线、封边线等，常见规格有 15mm、20mm、25mm、30mm，耐磨性、耐腐蚀性、绝缘性、防火性能较好，经加工一次成形后不需再经装饰处理。

（17）贴线 在阴角处预截 45°斜角，贴线后用木方支撑，10～15min 后取下支撑。

（18）招牌 一般由衬底和招牌字或图案组成，附加在商店的立面上，服从于立面的整体设计，成为店面的有机组成部分。它反映了商店店面装饰水平，是商店吸引和招徕顾客的重要手段。

（19）平面招牌 指安装在门前墙面上的附贴式招牌，招牌是单片形，分木结构和钢结构两种。

（20）箱体招牌 指横向的长方形六面体招牌，当其形状为规则的长方体时，即为矩形形式；当其带有弧线造型或其正立面有凸出面时，则为异形形式。

（21）灯箱 装上灯具的招牌，悬挂在墙上或其他支承物上。它比雨篷或招牌有更多的观赏面，有更强的装饰效果。无论白天或夜晚，灯箱都能起到招牌广告的作用，按其制作与安装的不同，可分为钢结构灯箱，木结构灯箱和布灯箱。如图 5-7 所示为店面灯箱构造示意图。

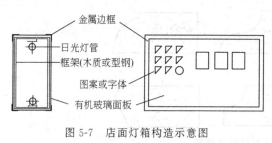

图 5-7 店面灯箱构造示意图

（22）有机玻璃字 采用有机玻璃制作的有一定立体效果的装饰字。

（23）木质字 用木板切割或雕刻的字，具有许多优良性能，如比强度高，有较高的弹性和韧性，耐冲击和振动；易于加工，保温性好；大部分木材都具有美丽的纹理，装饰性好等。但木质字也有缺点，如易随周围环境湿度变化而改变含水量，引起膨胀或收缩；易腐朽，易生蛀虫；易燃烧，天然疵病较多等。然而由于有高科技的参与，这些缺点将逐步消失，将优质、名贵的木材旋切薄片，与普通材质复合，变劣为优，满足消费者对天然木材的需求。

（24）金字招牌 用金箔材料制作成的招牌，它迎合现代社会的需求，是其他材料制作的招牌所无法比拟的，它豪华名贵，永不褪色，能保持 20 年以上。

5.1.2 公式索引

柜类工程量计算公式如下。

以个计量，按设计图示数量计量。

以米计量，按设计图示尺寸以延长米计算，或将油漆固体含量（不挥发部分）所占容积的百分数乘以油漆涂刷面积的厚度，即得涂层总厚度。公式为：

$$柜台装饰线＝（净长＋净宽）×2$$

以立方米计量，按设计图示尺寸以体积计算，公式为：

$$矩形箱式工程量＝长×宽×高$$

5.1.3 参数列表

(1) 货柜、货架常用玻璃材料品种与规格 (表5-1)

表5-1 货柜、货架常用玻璃材料品种与规格

品种	规格/mm	用途	生产厂家
平板玻璃	1800×1500×5 2000×1000×5 2200×1000×5 2400×1000×5 2500×1350×5 1800×1500×6 2000×1000×6 2200×1200×6 2200×1200×6 2500×1350×6 2900×1250×(8～10) 1800×1600×(8～10) 2200×200×8	用于普通木门窗、白铝合金门窗、橱窗、展台、柜台各种玻璃隔架	中国耀华玻璃公司 大连玻璃厂 沈阳玻璃厂 上海耀华玻璃厂 洛阳玻璃厂 株洲玻璃厂 蚌埠平板玻璃厂 兰州东方红玻璃厂 昆明平板玻璃厂 太原平板玻璃厂 杭州玻璃厂 厦门新华玻璃厂 深圳蛇口玻璃厂 秦皇岛玻璃厂 宁夏玻璃厂
特厚玻璃	3050×2140×12 3050×2140×15 3300×2140×15	用于门、橱窗、展台、柜台各种玻璃隔架	中国耀华玻璃公司 南方玻璃厂 洛阳玻璃厂

(2) 用胶量参考表 (表5-2)

表5-2 用胶量参考表

用途	单位	用量	计算基数	备注
柜类木骨架粘接	kg/m²	0.1	家具正立面面积/m²	—
柜类表面粘贴板材	kg/m²	0.26	家具表面粘接板材面积/m²	双面刷胶
柜类表面粘贴板材	kg/m²	0.14	家具表面粘接板材面积/m²	单面刷胶

(3) 塑料线条常见规格 (表5-3)

表5-3 塑料线条常见规格

产品名称	规格/mm	生产厂家
塑料线条	15×15 25×25 30×20 40×30　(长 2m)	无锡市塑料公司
钙塑压条	各种花纹	北京市政工程局 北京矿石材料厂 上海装潢五金分公司
PVC挂镜线 塑料挂镜线 PVC踢脚线	宽×高×长　48×12×2000 宽×高×长　45×12×2000 宽×厚×长　120×12×2000	浙江省萧山县胶木塑料厂

（4）手纸盒及手纸架的型号、规格（见表 5-4）

表 5-4　手纸盒及手纸架的型号、规格表

名称	图形	型号	规格/mm
手纸盒	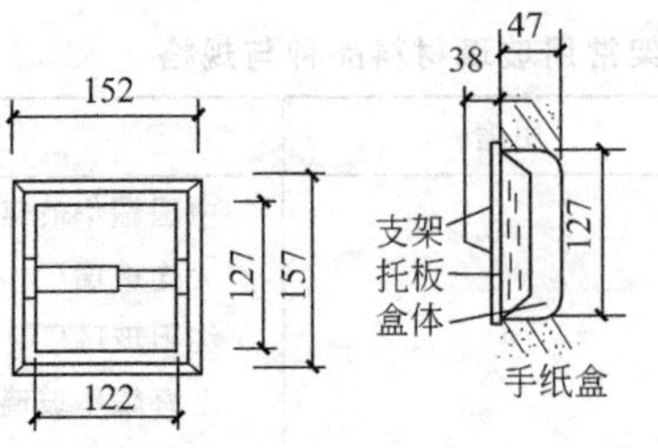	A-102	—
手纸架	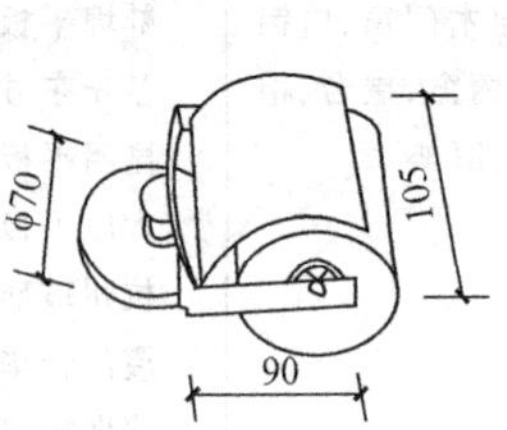	W-1060	—
	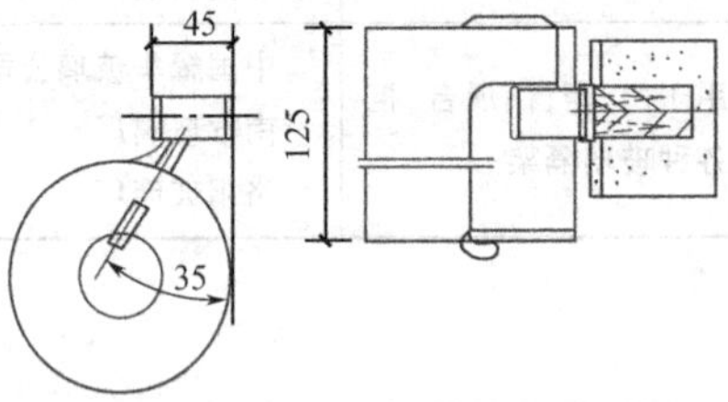	PSh1	

5.2　细解经典图形

（1）**图形识读**　图 5-8 为墙体做石膏装饰条工程量的平面图。

（2）**图形分析**　由图 5-8 可以看出，此图是由一个矩形所组成的。

（3）**图中数据解析**　图中 4500m 指的是石膏装饰条的尺寸宽，6000m 为石膏装饰条的尺寸长，0.24m 为墙厚，（6－0.24）m 表示扣除墙体所占部分后的石膏装饰条的净长，（4.5－0.24）m 表示扣除墙体所占的部分后石膏装饰条的净宽，详细了解了图中各数据的含义，再结合计算规则和计算公式，即可算出所求工程量。

（4）**计算小技巧**　如图 5-8 所示，若求墙体做石膏装饰条的工程量，则可以用墙体净宽加上净长，再乘以 2，即墙体的周长，得出的就是需要做石膏装饰条的工程量。整个图形是个矩形，直接套用计算公式：墙裙油漆的工程量＝（净长＋净宽）×2，即可计算出墙体做石膏装饰条的工程量。

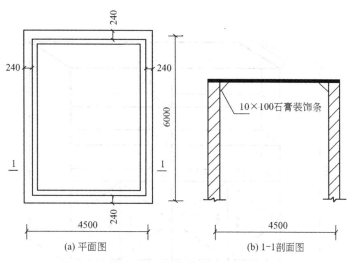

图 5-8　石膏装饰条示意图

5.3　典型实例

5.3.1　柜类、货架

5.3.1.1　厨房吊柜

【例 5-1】　如图 5-9 所示，塑料式厨房吊柜，高为 650mm，长为 900mm，宽为 600mm，共 4 个，试求其工程量。

【解】（1）定额工程量计算

定额工程量套用消耗量定额 15-17。

$$工程量=0.65\times0.9\times4$$
$$=2.34(m^2)$$

（2）清单工程量计算

工程量=4 个

清单工程量计算见表 5-5。

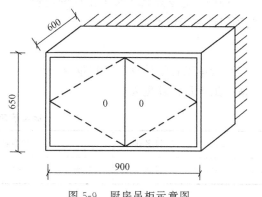

图 5-9　厨房吊柜示意图

表 5-5　厨房吊柜清单工程量计算表

项目编码	项目名称	项目特征描述	计量单位	工程量
011501010001	厨房吊柜	塑料式吊柜，长为 900mm，宽为 600mm，高为 650mm	个	4

5.3.1.2　货架

【例 5-2】　某商店里的货架 5 个，如图 5-10 所示，其高为 2100mm，长为 2000mm，宽为 600mm。试求其工程量。

【解】（1）定额工程量计算

$$工程量=2.1\times2\times5$$
$$=21(m^2)$$

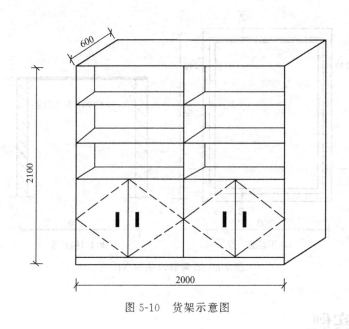

图 5-10　货架示意图

注　释

根据"房屋建筑与装饰工程消耗量定额 TY01-31-2015"。 柜类、货架工程量按各项目计量单位计算。

（2）清单工程量计算　工程量＝5 个。

清单工程量计算见表 5-6。

表 5-6　货架清单工程量计算表

项目编码	项目名称	项目特征描述	计量单位	工程量
011501018001	货架	长为 2000mm，宽为 600mm，高为 2100mm	个	5

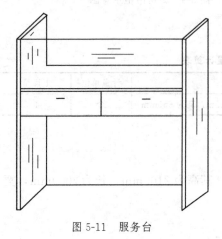

图 5-11　服务台

5.3.1.3　服务台

【例 5-3】　如图 5-11 所示，某公共场合的服务台，高为 1200mm，长为 900mm，宽为 600mm，共计 10 个，试求其工程量。

【解】　（1）定额工程量计算

工程量＝1.2×0.9×10

　　　　＝10.8 （m²）

（2）清单工程量计算

根据设计图纸计算，服务台 10 个。

清单工程量计算见表 5-7。

表 5-7 服务台清单工程量计算表

项目编码	项目名称	项目特征描述	计量单位	工程量
011501020001	服务台	长为 900mm,宽为 600mm,高为 1200mm	个	10

5.3.2 压条、装饰线

5.3.2.1 金属装饰线

【例 5-4】 如图 5-12 所示的房间,采用金属装饰线,试求该装饰线的工程量。

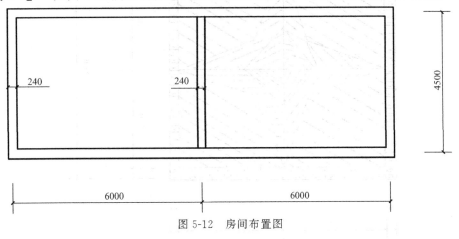

图 5-12 房间布置图

【解】 (1) 定额工程量计算

$$工程量=(6-0.24)\times4+(4.5-0.24)\times4$$
$$=40.08(m)$$

> **注 释**
>
> (6-0.24)m 表示左边房间金属装饰线水平方向上的长度,0.24m 表示两边两个半墙厚度之和(即 0.24/2+0.24/2)m,乘以 4 表示左边房间和右边房间共 4 条水平方向上的金属装饰线的长度之和,(4.5-0.24)m 表示左边房间金属装饰线竖直方向上的金属装饰线的长度,0.24m 表示两边两个半墙厚度之和,乘以 4 表示左边房间和右边房间竖直方向上的金属装饰线的长度之和,金属装饰线的水平方向上的长度加上竖直方向上的长度即为金属装饰线的总长度。

(套用消耗量定额 15-38。)

(2) 清单工程量计算 清单工程量计算方法与定额工程量计算方法相同。

清单工程量计算见表 5-8。

表 5-8 金属装饰线清单工程量计算表

项目编码	项目名称	项目特征描述	计量单位	工程量
011502001001	金属装饰线	房间金属装饰线	m	40.08

5.3.2.2 石材装饰线

【例 5-5】 如图 5-13 所示，某银行营业厅铺贴 600mm×600mm 黄色大理石板，其中有 4 块拼花，尺寸如图标注，拼花外围采用石材装饰线。石材装饰线边宽为 50mm，高为 17mm，厚为 3mm，试求装饰线工程量。

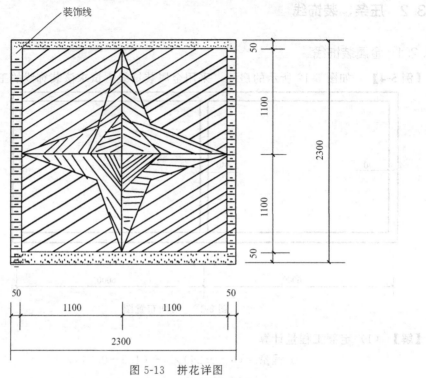

图 5-13 拼花详图

【解】 （1）定额工程量计算 石材装饰线工程量按中心线长度计算。

$$工程量=(2.2+0.05)\times4\times4$$
$$=36(m)$$

注 释

（2.2+0.05）m 表示每块拼花的石材装饰线的边长，乘以 4 表示 1 块拼花的石材装饰线的周长，再乘以 4，表示 4 块拼花的石材装饰线的总长度。

（套用消耗量定额 15-47。）

（2）清单工程量计算 清单工程量计算方法与定额工程量计算方法相同。

清单工程量计算见表 5-9。

表 5-9 石材装饰线清单工程量计算表

项目编码	项目名称	项目特征描述	计量单位	工程量
011502003001	石材装饰线	石材装饰线边宽为 50mm，高为 17mm，厚为 3mm	m	36

5.3.2.3 镜面玻璃线

【例 5-6】 某邮政营业厅如图 5-14 所示,其内墙装饰设计上要求墙裙用镜面玻璃线进行装饰。其线条边宽为 60mm,高为 20mm,厚为 4mm,长为 2m,试求装饰线工程量。

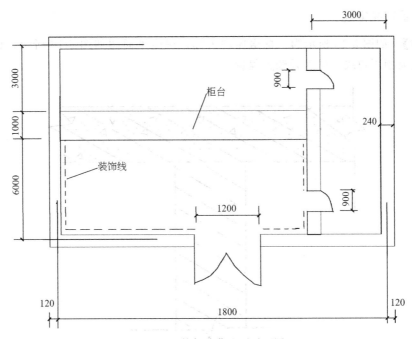

图 5-14 某邮政营业厅平面图

【解】 (1)定额工程量计算 镜面玻璃线工程量按设计图示尺寸以长度计算。
其工程量计算如下:

$$工程量=(6-0.12)+(6-0.12-0.9)+(18-3-0.12×2)m$$
$$=5.88+4.98+14.76$$
$$=25.62(m)$$

注 释

0.12m 表示轴线到外墙内侧的距离。对应图 5-14 可以看出,(6-0.12)m 表示轴线长为 6000mm 的墙体内侧的装饰线长度,(6-0.12-0.9)mm 表示轴线长为 6000m 的内墙上装饰线的长度 0.9m 表示扣除门洞口的长度,(18-3-0.12×2)m 表示长边装饰线的长度,(0.12×2)m 表示扣除墙体所占的长度。

下一步,扣除门宽 1.2m。

$$装饰线工程量=25.62-1.2$$
$$=24.42(m)$$

(套用消耗量定额 15-70。)

(2)清单工程量计算 清单工程量计算方法与定额工程量计算方法。

清单工程量计算见表 5-10。

表 5-10　镜面玻璃线清单工程量计算表

项目编码	项目名称	项目特征描述	计量单位	工程量
011502005001	镜面玻璃线	镜面玻璃线为装饰线，线条边宽为60mm，高为20mm，厚为4mm，长为2m	m	24.42

5.3.2.4　铝塑装饰线

【**例 5-7**】　如图 5-15 所示为一栋房屋的天棚，房屋平面图如图 5-16 所示，设计用铝塑装饰线作为天棚压角线，试求天棚工程量。

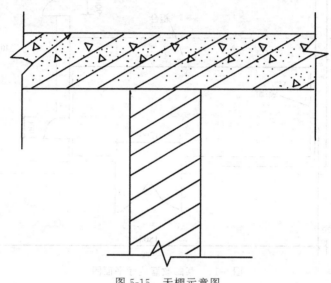

图 5-15　天棚示意图

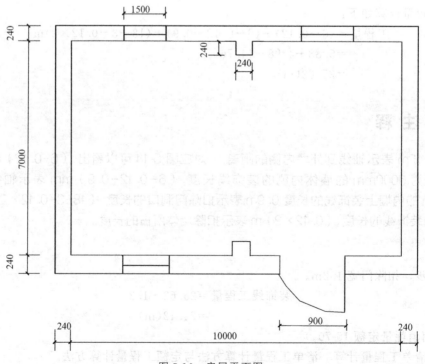

图 5-16　房屋平面图

【解】 (1) 定额工程量计算 压条、装饰线条均按延长米计算。

计算结果与清单工程量一样。(套用消耗量定额 6-097。)

(2) 清单工程量计算 铝塑装饰线按中心线长度计算。

其工程量计算如下：

$$工程量＝室内墙面净长度－门宽$$
$$＝(10-0.9)+0.24×2×2+7×2+10$$
$$＝9.1+0.96+14+10$$
$$＝34.06(m)$$

注 释

(10-0.9)m 为正面墙的长度扣除门宽,(0.24×2×2)m 为每边一个共四个墙厚,(7×2)m 为两道山墙的长度,10m 为背面墙的长度。

铝塑装饰线的工程量为 34.06m。

清单工程量计算见表 5-11。

表 5-11 铝塑装饰线清单工程量计算表

项目编码	项目名称	项目特征描述	计量单位	工程量
011502006001	铝塑装饰线	铝塑装饰线为天棚压角线	m	34.06

5.3.3 暖气罩

5.3.3.1 饰面板暖气罩

【例 5-8】 如图 5-17 所示胶合板平墙式暖气罩,长为 1500mm,高为 900mm,共 18 个,试求其工程量。

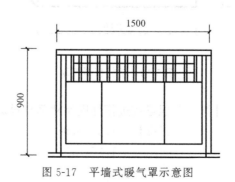

图 5-17 平墙式暖气罩示意图

【解】 (1) 定额工程量计算

$$工程量＝1.5×0.9×18$$
$$＝24.30(m^2)$$

注 释

　　1.5m 表示胶合板平墙式暖气罩的长度，0.9m 表示胶合板平墙式暖气罩的高度，18 表示胶合板平墙式暖气罩的个数。

（套用消耗量定额 15-107。）

（2）清单工程量计算　清单工程量计算方法与定额工程量计算方法相同。

清单工程量计算见表 5-12。

表 5-12　饰面板暖气罩清单工程量计算表

项目编码	项目名称	项目特征描述	计量单位	工程量
011504001001	饰面板暖气罩	胶合板平墙式暖气罩,长为 1500mm,高为 900mm	m²	24.30

5.3.3.2　塑料板暖气罩

【例 5-9】　如图 5-18 所示塑料板暖气罩，采用窗台下格板式，长为 1500mm，高为 900mm，宽为 200mm，试求其工程量。

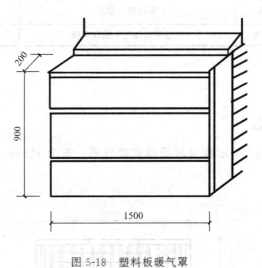

图 5-18　塑料板暖气罩

【解】　（1）定额工程量计算　工程量按边框外围尺寸垂直投影面积计算。

$$工程量 = 1.5 \times 0.9$$
$$= 1.35 (m^2)$$

（2）清单工程量计算

$$清单工程量 = 1.5 \times 0.9$$
$$= 1.35 (m^2)$$

清单工程量计算见表 5-13。

表 5-13　塑料板暖气罩清单工程量计算表

项目编码	项目名称	项目特征描述	计量单位	工程量
011504002001	塑料板暖气罩	窗台下格板式，长为1500mm，高为900mm	m²	1.35

5.3.4　浴厕配件

5.3.4.1　洗漱台

【例 5-10】　如图 5-19 所示洗漱台，长 1500mm，高 800mm，宽 600mm，共 10 个，试求其工程量。

【解】（1）定额工程量计算　工程量按设计图示尺寸以台面外接矩形面积计算。不扣除孔洞、挖弯、削角所占面积，挡板、吊沿板面积并入台面面积内，共计 10 个。

工程量＝1.5×0.6
　　　　＝9（m²）

（2）清单工程量计算　清单工程量计算方法与定额工程量计算方法相同。

清单工程量计算见表 5-14。

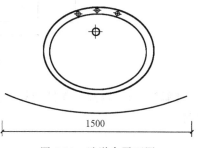

图 5-19　洗漱台平面图

表 5-14　洗漱台清单工程量计算表

项目编码	项目名称	项目特征描述	计量单位	工程量
011505001001	洗漱台	长1500mm，宽600mm，高800mm	m²	9

5.3.4.2　帘子杆

【例 5-11】　如图 5-20 所示木质帘子杆，长为 1800mm，宽为 5mm，高为 5mm，共 5 根，试求其工程量。

图 5-20　帘子杆示意图

【解】（1）定额工程量计算　按图示数量计算，共 5 根，所以工程量为 5 根。
（2）清单工程量计算　清单工程量计算方法与定额工程量计算方法相同。

清单工程量计算见表 5-15。

表 5-15　帘子杆清单工程量计算表

项目编码	项目名称	项目特征描述	计量单位	工程量
011505003001	帘子杆	木质，长为1800mm，宽为5mm，高为5mm	根	5

5.3.4.3 镜面玻璃

【例 5-12】 在某厕所外洗手盆处安装一块不带框镜面玻璃，尺寸（宽×高）为 1400mm× 1120mm，如图 5-21 所示，试计算镜面玻璃工程量。

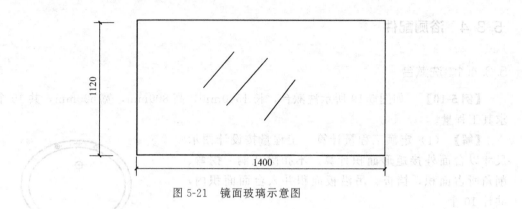

图 5-21 镜面玻璃示意图

【解】 （1）定额工程量计算 镜面玻璃安装、盥洗室木镜箱安装工程量以正立面面积计算。

$$工程量=1.12×1.4$$
$$=1.57(m^2)$$

（套用消耗量定额 6-121。）

（2）清单工程量计算 镜面玻璃工程量按设计图示尺寸以边框外围面积计算。

$$工程量=1.12×1.4$$
$$=1.57(m^2)$$

清单工程量计算见表 5-16。

表 5-16 镜面玻璃清单工程量计算表

项目编码	项目名称	项目特征描述	计量单位	工程量
011505010001	镜面玻璃	不带框镜面玻璃，尺寸（宽×高）为 1400mm×1120mm	m²	1.57

5.3.5 雨篷、旗杆

5.3.5.1 雨篷吊挂饰面

【例 5-13】 如图 5-22 所示，某商店店门前的雨篷吊挂饰面采用金属压型板，高为 600mm，长为 3000m，宽为 600mm，试求其工程量。

【解】 （1）定额工程量计算 工程量按设计图示尺寸以水平投影面积计算。

$$工程量=3×0.6$$
$$=1.8(m^2)$$

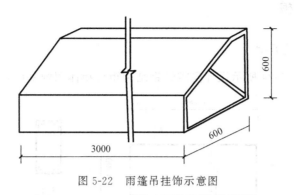

图 5-22　雨篷吊挂饰示意图

注 释

　　3m 表示雨篷吊挂饰面金属压型板水平投影的长度，0.6m 表示雨篷吊挂饰面金属压型板水平投影的宽度。

　　（2）清单工程量计算　清单工程量计算方法与定额工程量计算方法相同。

　　清单工程量计算见表 5-17。

表 5-17　雨篷吊挂饰面清单工程量计算表

项目编码	项目名称	项目特征描述	计量单位	工程量
011506001001	雨篷吊挂饰面	金属压型板	m²	1.80

5.3.5.2　金属旗杆

　　【例 5-14】　如图 5-23 所示，某政府部分的门厅处有一种铝合金旗杆，高为 10m，共 3 根，试求其工程量。

　　【解】（1）定额工程量计算　工程量按设计图示以数量计算。

　　工程量为 3 根。

　　（套用消耗量定额 15-142。）

　　（2）清单工程量计算　清单工程量计算方法与定额工程量计算方法相同。

　　清单工程量计算见表 5-18。

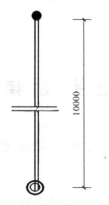

图 5-23　旗杆示意图

表 5-18　金属旗杆清单工程量计算表

项目编码	项目名称	项目特征描述	计量单位	工程量
011506002001	金属旗杆	铝合金旗杆	根	3

5.3.6　招牌、灯箱

5.3.6.1　平面、箱式招牌

【例 5-15】　如图 5-24 所示设计要求做钢结构矩形箱体招牌基层，试求其工程量。

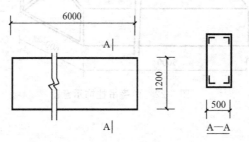

图 5-24　钢结构箱体示意图

【解】　（1）定额工程量计算

$$工程量 = 6.0 \times 1.2 \times 0.5 = 3.6 (m^3)$$

注　释

6.0m 表示钢结构矩形箱体招牌边框外围的宽度，1.2m 表示钢结构矩形箱体招牌边框外围的长度，0.5m 表示钢结构矩形箱体招牌边框外围的厚度。

（套用消耗量定额 15-152。）

（2）清单工程量计算

$$工程量 = 6.0 \times 1.2$$
$$= 7.2 (m^2)$$

注　释

6.0m 表示钢结构矩形箱体招牌边框外围的宽度，1.2m 表示钢结构矩形箱体招牌边框外围的长度。

清单工程量计算见表 5-19。

表 5-19　平面、箱式招牌清单工程量计算表

项目编码	项目名称	项目特征描述	计量单位	工程量
011507001001	平面、箱式招牌	钢结构矩形箱体招牌	m²	7.20

5.3.6.2　竖式标箱

【例 5-16】　某旅店装修工程中，设计要求在门外设置一个竖式标箱，如图 5-25 所示，箱体规格（高×宽×厚）为 1000mm×400mm×100mm，钢骨架，试求此箱体安装的工程量。

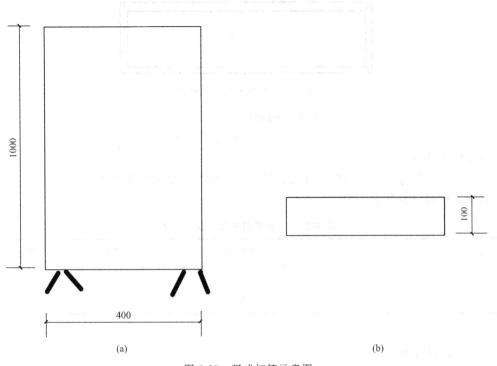

图 5-25　竖式灯箱示意图

【解】（1）定额工程量计算　安装竖式标箱的工程量按外围体积计算，突出箱外的灯饰、店徽及其他艺术装潢等均另行计算，此题中除灯箱外并无别的艺术装潢，故此项不用计算。

$$工程量 = b \times h \times l$$
$$= 1 \times 0.4 \times 0.1$$
$$= 0.04(\mathrm{m}^3)$$

（套用消耗量定额 15-152。）

（2）清单工程量计算　竖式标箱按设计图示数量计算，因此工程量为 1 个。

清单工程量计算见表 5-20。

表 5-20　竖式标箱清单工程量计算表

项目编码	项目名称	项目特征描述	计量单位	工程量
011507002001	竖式标箱	规格（高×宽×厚）为 1000mm×400mm×100mm，钢骨架	个	1

5.3.7　美术字

5.3.7.1　木质字

【例 5-17】　如图 5-26 所示，设计要求在铝合金扣板面层上安装木质美术字。假设每个字的外围尺寸（高×宽）为 800mm×500mm，试求美术字工程量。

【解】（1）定额工程量计算　其工程量计算如下：

图 5-26 美术字安装示意图

$$每个字的面积 = 0.8 \times 0.5$$
$$= 0.4 (\text{m}^2)$$

总工程量为 8 个。

（2）清单工程量计算　清单工程量计算方法与定额工程量计算方法相同。

清单工程量计算见表 5-21。

表 5-21　木质字清单工程量计算表

项目编码	项目名称	项目特征描述	计量单位	工程量
011508003001	木质字	字外围尺寸（高×宽）为 800mm×500mm	个	8

5.3.7.2　泡沫塑料字

【例 5-18】　如图 5-27 所示，某一照相馆隔墙装修时，业主要求安装 5 个美术字，隔墙为砖墙，美术字采用泡沫塑料字，字体规格（宽×高）为 400mm×450mm，采用粘贴固定。试求美术字工程量。

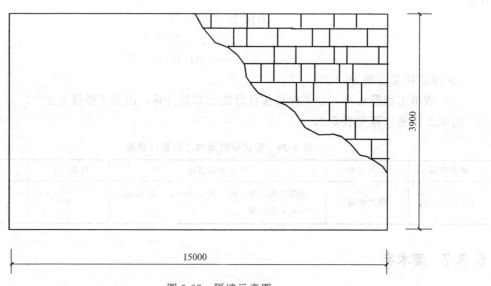

图 5-27　隔墙示意图

【解】　（1）定额工程量计算　美术字安装的工程量按字的最大外围矩形面积以个计算。该题中，美术字的规格（宽×高）为 400mm×450mm，共 5 个。

$$每个字的面积 = 0.4 \times 0.45$$
$$= 0.18 (\text{m}^2)$$

工程量为 5 个。

注 释

0.4m 表示美术字的外围宽度，0.45m 表示美术字的外围长度，5 表示共有 5 个美术字。

（套用消耗量定额 15-193。）

（2）清单工程量计算　泡沫塑料字的工程量按设计图示数量计算。

该设计共采用 5 个美术字，所以此项工程的工程量为 5 个。

清单工程量计算见表 5-22。

表 5-22　泡沫塑料字清单工程量计算表

项目编码	项目名称	项目特征描述	计量单位	工程量
011508001001	泡沫塑料字	泡沫塑料字，规格（宽×高）为 400mm×450mm，粘贴固定	个	5

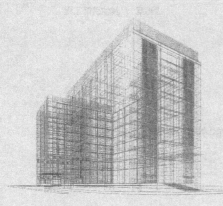

第6章
影响装饰工程造价的因素

企业要在快速发展的同时有效降低成本，关键在于装饰工程造价预算，无论从消费者来讲，还是从企业而言，完善建筑装饰方面的成本控制和对造价进行合理预算是至关重要的，下面首先阐述现代装饰工程的相关概念，在此基础上对影响现代装饰工程造价预算的相关因素再进行分析，以便解决装饰工程预算中常见问题的具体措施。

影响装饰工程造价的因素很多，下面就主要针对工程质量、工期和索赔3个主要因素进行分析。

6.1　工程质量与造价

建筑装饰工程造价控制，是一项复杂的系统工程，把工程质量控制作为核心，做好工程质量和造价工程之间的协调控制，是现今工程施工中面临的一大难题，下面结合本章内容做出一些个人分析，并提出几点建议。

在装饰工程的施工中，工程质量与造价是一对既统一又对立的矛盾体。如果一味地追求质量或者单方面地增加工程造价而引起造价上升，必定会给建设单位带来巨大又不必要的额外支出。反之，如果建设单位一方面进行造价控制与节约投资，另一方面要求施工单位不按施工工序与造价规律办事，随意减少施工中的环节，或者任意降低或者更换施工材料的档次与规格，太过追求限额设计而使工程的质量打折，又或者在施工中频繁地更改设计，使工程在施工中建设单位的投资一再地突破，这样也会造成整个工程项目"面目全非"。所以，怎样才能良好地控制工程质量和造价的平衡，这也是摆在建设单位和众多装饰工程企业面前的一大难题。

6.1.1　装饰工程质量的含义

装饰工程质量是指工程满足业主需要的，符合国家法律、法规、技术规范与标准、设计文件以及合同规定的特性综合。装饰工程是一种特殊的产品，除具有一般产品共有的质量特性，如性能、寿命、安全性、可靠性、经济性等满足社会需要的使用价值及其属性外，还具有特定的内涵。

6.1.2　影响装饰工程造价的质量因素

（1）建设工程的设计与深度。设计质量是影响造价最大的阶段。

（2）建设工程变更大。

（3）材料的控制难度大。装饰材料品种繁多，装饰工艺变化不定，市场价格不一，直接影响工程造价。

6.1.3　工程质量控制

工程质量控制的基本方法是以人为核心建立完善的质量管理体制、技术管理体制以及相应的管理制度，创造良好的工序活动的环境条件，提高过程的工作质量。同时以监督检查为手段，严格控制工序质量标准，把住验收关，以保证工序作业质量，从而保证整体工程质量。

（1）建设工程设计的优化。

（2）加强监理制度。

（3）实施工程设计招标。

（4）工程变更控制工作。

（5）材料的控制。

（6）人的工作质量是工程造价有效控制的关键。从项目筹划、设计、招投标、施工（监理）全过程的质量，人的工作质量是起到决定性作用。人的观念、人的技术、人的管理、人的责任心是控制工程造价的关键。

（7）选择一流的施工队伍是确保工程质量的关键。

（8）必须加强施工监督管理控制投资和质量。努力做到不断深入细化项目法人责任制；加强质量管理深入推进创优工作；必须树立安全第一的思想；搞好施工现场签证工作；降低工程造价和确保工程质量必须重视设备材料采购及管理；严把工程竣工结算审核关。

6.2　工程工期与造价

工期短、造价低、质量好是人们对建设项目工程施工提出的三大基本要求。但是正像质量与成本互相关联、互相制约一样，工期与造价也是互相关联、互相制约的。在生产率一定的条件下，要缩短工期，就必须集中更多的人力、物力于某项工程上。这样势必扩大现场、仓库、临时房屋和附属企业规模和数量，增加施工供水、供电等设施的能力，其结果是引起工程造价的增加。因此，研究建设项目的造价及工期优化问题具有现实的意义。

6.2.1　工期与自然损耗和无形损耗的关系

装饰用的机械设备和各种物不论是否使用，都会因风吹、日晒、雨淋等原因产生自然损耗。例如一些大型设备或精密仪表会因工期拖长、不能及时安装就位导致性能的降低，一些钢铁部件也会因工期拖长发生锈蚀而影响其性能，这些都会影响装饰工程造价的变动和投产后的使用效果。

此外，设备的无形损耗问题也越来越突出。在设计和制造时原本是先进的设备，由于施工工期毫无价值地延长，在交付使用时却变成落后的设备；在项目筹建时计划生产的是短线产品和新产品，由于建设工期的延长，项目投产后产品却沦为落后或滞销产品。所以，缩短建设工期可使先进的工艺设备提前进入生产，有利于发挥新产品的优势，创造良好的经济效益。

6.2.2 工期与固定成本的关系

缩短施工工期可以降低施工企业经常性的实际支出，从而降低装饰工程费用。例如职工的基本工资、按时间提成的固定资产折旧、与施工工期有关的间接费等，都会因工期的缩短而大幅度降低。

但是，工期也并非越短越好，它应在满足计划或合同规定的前提下，以最大限度地降低工程费用为标准。工程建设总费用由直接费用和间接费用两部分构成，直接费用一般在合理组织和正常施工条件下最低，如在此基础上加快施工进度则直接费用会上升。间接费用则与直接费用相反，一般是随着工期的缩短而减少。建设周期的长短对建设费用有很大影响，在安排施工工期时，要正确处理工期与工程造价的辩证关系，力求均衡和有节奏地施工，以实现建设工期和工程造价的优化组合，提高投资的综合经济效益。

6.2.3 工期与投资成本的关系

随着经济体制的改革，我国的投资格局发生了许多变化，投资来源由预算内资金为主向预算外为主发展，投资方式由过去的拨款方式改为贷款、自筹、集资等新的投资方式，国家预算内的基本建设投资比重逐年下降，自筹资金与银行贷款在投资总额中所占的比重逐年增多。

6.2.4 工期与在建规模的关系

在建投资规模是指一定年份内在建项目全部建成使用实际需要的总投资。确定在建投资规模的合理控制额度，需要在已知的合理年度投资规模的基础上进行，可用下式表示：

$$适度在建投资规模＝适度年度投资规模×合理建设周期 \tag{1}$$

合理建设周期又可由下式求出：

$$T = 1/\sum n_i = 1P_i/t_i \tag{2}$$

$$P_i = K_i/\sum n_i = 1K_i \tag{3}$$

式中　T——建设周期；

　　　n——在建项目按工期分组的组数；

　　　K_i——各组项目全部建成所需总投资；

　　　t_i——各组项目的建设工期；

　　　P_i——各项目投资额占全部在建项目总投资的比重，它反映在建项目总投资的工期结构。

从式（2）、式（3）可以看出，建设周期主要由在建项目总投资的工期结构 P 及在建项目的工期长短 T 两个因素决定。在建项目的工期 T 越短，建设周期 P 也就越短；在建项目总投资中，短工期项目投资比重越大，建设周期也就越短。

6.3　工程索赔与造价

由于我国工程建设发展进程的一些特点，对索赔的认识有些片面。甲乙双方都要加强索赔和处理索赔的能力，了解索赔发生的原因及如何处理，实事求是地协商调整工程造价和工期，使工程造价更加合理。

工程建设过程中的索赔工作是发展和完善建筑市场一项重要内容，也是市场经济规范建筑市场的客观要求。这项工作的顺利开展有利于强化合同意识，依法进行工程建设，提高合同履约、管理水平，有利于落实缔约双方权利、义务关系，强化企业内部管理提高企业素质及管理水平。

由于受长期粗放型计划经济体制的影响，当前我国的承发包双方对工程索赔的认识不够全面，合同管理及企业内部管理相对于索赔工作的要求，也有一定差距，实施索赔的方法、程度及问题依法处理还不够熟悉，甲、乙双方还不同程度地存在着不能、不让、不敢、不会索赔的现象。要使企业的索赔和处理索赔的能力达到国际先进水平，还要做大量艰苦、细致的工作，应该在立法、健全法规的基础上，广泛宣传和引导，使双方都能有一个正确的认识，理解这项工作的重要意义，促进索赔的健康发展，强化合同管理，提高索赔工作的水平。

索赔是当事人在合同实施过程中，根据法律、合同规定和法律、法规，对并非由于自己的过错，而是属于应由合同对方承担责任的情况造成，且实际发生了损失，向对方提出给予补偿的要求。索赔事件的发生，可以是一定行为造成，可以是合同当事一方引起，也可以是任何第三方行为或不可抗力引起。索赔的性质属于经济补偿行为，而不是惩罚。

6.3.1 索赔起因

6.3.1.1 设计

（1）工程已经按图示进行施工，或已经进入施工准备阶段，如临建、构建材料设备加工订货等，因设计变更而造成的人力、物资和资金的损失和停工、工艺延误、返工及相应的其他损失。

（2）设计代表在现场的临时指令、局部修改、材料变更或其他处理措施等增加的额外费用。

（3）新材料、特种施工工艺所增加的专门技术措施等。

（4）设计给定的材料品种、规格、等级，因审计原因发生调整，所产生的价差。

（5）因设计图纸及设计文件名含糊不清，导致双方理解不同，造成工程影响或损失。

6.3.1.2 业主

（1）由于提供招标文件中的疏漏、漏项或与实际不符，造成中标施工后，突破原中标价格的损失。

（2）中途变更计划，如装饰工程中途停工、缓建而造成的施工力量二次进场，物资积压、倒运、人员、机械设备停滞窝工，工期延长，工程维护、保卫等，造成经济损失。工程复建时，已完部位和尚未构成工程实体的成品、半成品、原材料及临建措施等进行清理、验收、复测、矫正、加工、返修，以及对工程新旧结合部衔接处理等工作所发生的费用。

（3）由建设单位分包的各分承包施工单位，发生交叉干扰降效损失和安全保护措施等增加的费用。

（4）工程尚未交工，建设单位提前使用造成的损失。

（5）由建设单位提供的材料、设备因时间延误、质量、数量、对方地点等造成的损失。

（6）建设单位拖欠工程款造成的利息、工料等损失。

6.3.1.3　现场条件

（1）因场地狭小或按要求发生的二次搬运或超远运距的费用。

（2）在特殊环境中或恶劣环境下施工发生的降效损失和增加的安全措施费。

6.3.1.4　政策、市场原因产生索赔

（1）预算定额、材料调整系数、取费标准变更。

（2）国家政策、法令的修改对工程造价的影响等。

6.3.2　索赔应对

6.3.2.1　加强设计管理

（1）建筑装饰设计要求设计方在了解建设方的意图、功能需要风格，以及设计标准后，在满足建设项目功能实用性的基础上，充分与建设方沟通，再确认设计方案。因此，要注意审查建筑设计在平面布置上是否合理、布局得当，基本内容是否齐全，主要使用面积与辅助面积的分配是否得当，风格是否统一协调，细节是否新颖、美观、准确等。通过审查，避免在实施过程中由于种种原因而有大的变化，造成损失，引起索赔。

（2）工程建设的业主、承包商、设计方三方要组织好设计文件的技术交底和会审工作。认真细致的会审可使设计文件中的错误、矛盾和疏漏及时得到修正、变更及完善，避免因此而发生索赔。

6.3.2.2　加强合同管理

（1）在合同签订阶段，双方应仔细研究工程所在地的法律法规、政策规定及合同条件，特别是关于合同的范围、义务、付款形式、工程变更、违约罚款、特殊风险、索赔时限和争端解决等条款，必须在合同中明确规定当事人各方的权利和义务。

（2）工程建设阶段，是合同文件履行的过程，也是索赔事件在相关条件下产生的过程。工程建设合同文件除了施工前签订的协议条款、合同条件、图之外，在施工过程中形成的文件如工程量计量、信函、会议记录等，对索赔的影响最大，因此，加强合同文件的管理，及时办理索赔文件，建立、健全索赔业务的管理制度更为重要。

6.3.2.3　加强施工工期管理

工期的长短对双方经济效益都有影响，在承包合同中，一般都规定了工期的相应惩罚条款，在工程实际施工过程中，由于干扰时间多而复杂，工期的索赔在整个索赔中占据了较大比例。因此，必须加强工程进度管理，以保证工期。

索赔工作包括施工企业向建设单位要求索赔，也包括建设单位对索赔要求的处理。索赔工作是承发包双方之间经常发生的管理业务，是双方合作的方式，而不是对立。承包方不敢索赔，害怕影响与建设单位的合作，发包方认为索赔是额外的支出，损失自己的声誉，因而不让索赔都是目前特别需要克服的错误做法，需要加强引导和改进，必须加强施工管理，建立、健全索赔管理体系。

6.3.2.4　加强工程造价管理

建设工程造价管理的目的是合理确定和有效控制造价。建设各阶段，在技术和经济紧密结合的基础上，对工程造价进行有效控制，使人力、物力、财力得到合理使用，取得最大投资效益。

施工企业提出索赔，除承包项目的人工费、材料费、机械台班使用费、分包费用外，还有保险费、保证金、管理费、利润、工程贷款利息、税金等，涉及现场条件变化索赔、施工范围变更索赔、加速施工索赔、工程延期索赔等，视其发生索赔的具体情况列入项目。

为有效地控制造价，就必须完善工程造价管理制度，合理确定工程标价，对施工过程中发生的索赔事件及时、准确、客观地计算事件对工程成本的影响，使索赔计算具有科学性。

6.3.2.5　加强索赔的依据管理

工程项目的资料是索赔的主要依据，如果资料不完整，索赔难以顺利进行。为了确保索赔成功，承包人必须保存一套完整的工程项目资料，这是做好索赔工作的基础。因此，承包人应指定专人负责以下几方面的工作资料的收集与分类保管。

（1）各种施工进度表，包括承包人、业主代表、分包商编制的工程进度表应收集并妥善保存。

（2）来往信件，包括施工期工程进展情况总结，以及工程有关当事人往来的具体事项。

（3）施工备忘录，施工中发生的影响工期或工程资金的所有重大事项应记入存档。

（4）会议记录，业主与承包人，承包人与分包人之间定期或临时召开会议的纪要。

（5）工程照片，应注明日期，以便于查阅资料和有效地显示工程进度。

（6）驻地工程师填写的工程施工记录表，提供关于气候、施工人数、设备使用情况、局部竣工等信息。

（7）工资薪金单据和索款单据。

（8）工程检查和验收报告。

（9）合同文件，包括标书、图纸资料和经修改的图纸。

（10）施工人员计划表和人工日表。

（11）施工材料、设备报表等。

总之，工程合同索赔工作的健康开展，正确掌握索赔和处理索赔的方法和技巧，可使缔约双方依据合同和实际情况，实事求是地协商、调整工程造价（投标报价）和工期，把原来计入工程报价的一些不可预见费用，改为按实际发生的损失支付，有助于降低工程报价，使工程造价更加合理。

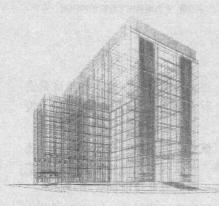

第 7 章
工程造价经验速查

7.1 建筑装饰装修工程造价的定义

（1）第一种定义 从业主投资的角度，建筑装饰装修工程造价指对建（构）筑物进行装饰装修所发生的全部费用总和。

（2）第二种定义 从市场交易的角度，建筑装饰装修工程造价指在建筑市场交易活动中形成的，承发包双方认可的装饰装修工程承发包价格。

7.2 工程造价操作重要知识点

7.2.1 装饰工程预算造价依据

（1）装饰施工图纸和有关设计说明
① 结构施工图局部详图。
② 平面布置图、立面图、剖面图。
③ 装饰效果图。
（2）国家颁布的《房屋建筑与装饰工程工程量计算规范》 它是工程量计算的重要依据，必须严格遵守，否则计算结果会出现错误。
（3）施工现场的地理气象资料 例如冬季施工的地理气象资料。
（4）本地区的材料价格预算表
（5）政府部门的有关文件和规定
（6）施工组织资料
（7）装饰工程相关的法律法规
（8）有关标准图集和手册

7.2.2 计算装饰工程预算造价应具备的基本条件

（1）施工图纸没有缺画、漏画现象，图纸张数合理。
（2）有关设计说明资料齐全，没有缺失。

（3）材料价格信息充足。

（4）施工组织合理，人员配备、机具安排有效。

7.2.3　装饰工程预算造价编制方法

（1）实物造价法

实物造价法是根据以往类似工程施工所用的各种材料消耗量分别乘以人工预算工资单价、材料预算价格和机械台班价格得到人工费、材料费和机械费，以其为基础计算各项取费，最后形成工程总造价的方法。

（2）单位估价法

单位估价法是以工程量为基础计算出工程中的各项费用，最后汇总形成工程总造价的方法。

7.2.4　装饰工程预算编制步骤

装饰工程预算一般按下列顺序编制。

（1）熟悉施工图和有关设计说明资料　施工图是编制预算的基础资料，因此要熟悉施工图纸和设计说明。

① 将图纸排序，检查是否缺漏，要保证其完整性。

② 仔细阅读，检查其尺寸标注是否错误。

③ 掌握相当的交底、会审资料。

④ 查阅与装饰工程相关的其他图纸。

⑤ 查看工程范围、内容，以及质量、工期等要求。

⑥ 查阅足够的其他相关资料。

（2）列工程量清单项目　按设计图纸列出需要计算的装饰项目。

（3）计算工程量　工程量是正确编制预算造价的基础，一定要按照工程量计算规则，正确计算。

（4）确定分项工程，计算工程直接费。

（5）确定各种材料的需要量。

（6）计算工程的间接费用。

（7）计算工程总造价。

7.2.5　装饰装修工程工程量清单项目及计算规则

（1）内容及适用范围

① 内容　《房屋建筑与装饰工程工程量计算规范》中，包括楼地面装饰工程，墙、柱面装饰与隔断、幕墙工程，天棚工程，油漆、涂料、裱糊工程，其他装饰工程，拆除工程和措施项目。

② 适用范围　装饰装修工程清单项目适用于采用工程计量和工程量清单编制计价的装饰装修工程。

（2）章、节、项目的设置

① 装饰装修工程清单项目与《全国统一建筑装饰装修工程消耗量定额》（以下简称《消耗量定额》）章、节、项目设置进行适当对应衔接。

②《消耗量定额》的装饰装修、脚手架及项目成品保护费、垂直运输费列入装饰装修工程清单措施项目费。

③ 装饰装修工程清单项目"节"的设置，基本保持消耗量定额顺序，但由于清单项目不是定额，不能将同类工程一一列项，如：《消耗量定额》将楼地面装饰工程的块料面层分为天然石材、人造大理石板、水磨石、陶瓷地砖、玻璃地砖等，而在清单项目中只列一项"块料面层"。还有一些在《消耗量定额》中列为一节，如"分隔嵌条、防滑条"列为一节，而在清单项目中，嵌条、防滑条仅是项目的一项特征。

④ 装饰装修工程清单项目"子目"设置，在《消耗量定额》基础上增加了楼地面水泥砂浆、菱苦土整体面层、墙柱面一般抹灰、特殊五金安装、存包柜、鞋柜、镜箱等项目。

（3）有关问题的说明

① 各工程清单项目之间的衔接

a. 装饰装修工程清单项目也适用于园林绿化工程工程量清单项目及计算规则中未列项的清单项目。

b. 建筑工程工程量清单项目及计算规则的垫层只适用于基础垫层，装饰装修工程工程量中楼地面垫层包含在相关的楼地面、台阶项目内。

② 共性问题的说明

a. 装饰装修工程工程量清单项目中的材料、成品、半成品的各种制作、运输、安装等的一切损耗，应包括在报价内。

b. 设计规定或施工组织设计规定的已完产品保护发生的费用，应列入工程量清单措施项目费用。

c. 高层建筑物所发生的人工降效、机械降效、施工用水加压等应包括在各分项报价内。

7.3 造价预算容易遗漏的 30 项内容

（1）楼梯装饰定额中，包括了踏步、休息平台和楼梯踢脚线，但不包括楼梯底面抹灰。

注：常误解楼梯间首层地面的踢脚线也包含在楼梯装饰定额中。其实，楼梯间首层地面的踢脚线不包含在楼梯装饰定额中，楼梯装饰定额中只含楼梯踢脚线，而不是楼梯间踢脚线。楼梯底面抹灰应执行天棚相应子目，往往容易漏算。

（2）台阶、坡道、散水定额中，仅含面层的工料费用，不包括垫层。

注：需要注意的是，在实际计算中，经常发生只计算台阶、坡道、散水的面层，而漏算相应的垫层的情形。

（3）块料面层、木地板、活动地板，按图示尺寸以平方米为单位计算。扣除柱子所占的面积，门窗洞口、暖气槽和壁龛的开口部分工程量并入相应面层内。

注：需要注意的是，在实际计算中，门窗洞口的地面经常容易漏算。

（4）块料踢脚、木踢脚按图示长度以米为单位计算。

注：门窗洞口的长度经常减掉，而侧面的踢脚往往容易漏算。

（5）地面灰土垫层中的素土，定额中一般利用原土，故不考虑买土的费用。

注：特殊情况下，需要买土，而买土的费用经常容易漏算。

（6）石材图案镶贴应按镶贴图案的矩形面积计算，成品拼花按设计图案的面积计算。

注：石材拼花常单独计算，而石材拼花的工程量未扣除，应按"算多少扣多少"的原则执行。

（7）波打线一般为块料楼（地）面沿墙边四周所做的装饰线，宽度不等。波打线按图示尺寸以平方米为单位计算。

注：地面四周的波打线常与地面面层合并计算，其实应单独计算。

（8）找平层、整体面层按房间净面积以平方米为单位计算，不扣除墙垛、柱、间壁墙及面积在 $0.3m^2$ 以内孔洞所占面积，但门窗洞口、暖气槽的面积也不增加。

注：计算找平层、整体面层时常误把间壁墙所占面积减掉。

（9）楼梯面层工程量按楼梯间净水平投影面积以平方米为单位计算。楼梯井宽在 500mm 以内者不予扣除，超过 500mm 者应扣除其面积。

注：计算时，常先计算单层的楼梯面层工程量，然后乘以楼层数减1的（$n-1$）。当楼顶为上人屋面时，楼梯常通到楼顶，此时单层的楼梯面层工程量应乘以楼层数，而不是楼层数减1。

（10）台阶按水平投影面积计算。不包括牵边、侧面装饰，其装饰应按展开面积计算，套用零星项目的相应子目。

注：牵边、侧面装饰经常容易漏算。

（11）装饰面板踢脚线定额中一般不含收口装饰线条，应执行装饰线条的相应子目。

注：装饰面板踢脚线上部的收口装饰线条经常容易漏算。

（12）雨罩、挑檐的底部装饰应并入天棚工程量内计算。

注：雨罩、挑檐的底部装饰工程量经常容易漏算。

（13）预制板勾缝一般包含在抹灰、刮腻子中，不单独计算。当预制板底不抹灰，而直接吊顶时，此时应单独计算预制板勾缝。

注：当预制板底不抹灰，而直接吊顶时，经常容易漏算预制板勾缝。

（14）藻井灯带定额中，不包括灯带挑出部分端头的木装饰线。设计要求木装饰线时，执行装饰线条的相应子目。

注：计算时，经常只计算藻井灯带的工程量，而忘记计算灯带挑出部分端头的木装饰线。

(15) 藻井灯带按灯带外边线的设计尺寸以米为单位计算。

注: 计算时, 常错误地按内边线的尺寸计算藻井灯带工程量。

(16) 立面封板龙骨按立面封板的垂直投影面积以平方米为单位计算。嵌顶灯带附加龙骨以米为单位计算。

注: 做预算时, 嵌顶灯带立面常先按立面封板龙骨计算一次, 又按嵌顶灯带附加龙骨计算一次, 这样就重复计算了。

(17) 嵌顶灯槽附加龙骨以个为单位计算。嵌顶灯带附加龙骨以米为单位计算。

注: 嵌顶灯槽与嵌顶灯带附加龙骨的区别, 在于灯槽是用于装饰工程局部的, 而灯带是用于装饰工程大部分的; 或者说灯槽是一个灯的, 而灯带是通长的。灯槽是一个灯或一组灯, 而灯带是多个或多组组成的。

(18) 天棚面层按图示展开面积以平方米为单位计算, 不扣除检查口、附墙烟囱、附墙垛和管道所占的面积, 但应扣除独立柱、与天棚相连的窗帘盒、超过 $0.3m^2$ 的洞口及嵌顶灯槽所占的面积。

注: 计算天棚面层的工程量时, 常常容易漏算天棚中折线、错台等艺术形式的展开面积。当窗帘盒与天棚面层的材质一致时, 窗帘盒工程量应与天棚面层合并计算。风口及消防喷淋开孔不超过 $0.3m^2$ 时, 不扣除其所占面积。新做天棚已经包含检查口, 只有当原有天棚重新做检查口时, 其工程量才单独计算。

(19) 拱形吊顶和穹型吊顶龙骨按拱顶和穹顶部分的水平投影面积以平方米为单位计算。

注: 中间高、两侧低为拱, 四周低、中间高为穹。

(20) 天棚龙骨定额中的"面层规格"是指龙骨的间距。

注: 当做纸面石膏板等整张面层时, 其基层的"面层规格"应根据轻钢龙骨的间距来确定, 而不是指纸面石膏板的规格尺寸。

(21) 天棚抹灰装饰线, 其工程量分别按三道线以内或五道线以内以延长米计算。

注: 三道线或五道线不是指三条线或五条线, 而是以一个突出的棱角为一道线。

(22) 单层龙骨天棚和双层龙骨天棚的区别。单层龙骨天棚是指大龙骨和中龙骨的底面处于同一水平面的一种天棚结构。双层龙骨天棚是指在大龙骨下面, 钉有一层中小龙骨的一种天棚结构。一般双层结构可以承重或上人。

(23) 窗帘盒的工程量按图示长度以米为单位计算。若设计图纸未注明尺寸, 可按窗框外围宽度两端加 30cm 计算。

注: 计算窗帘盒的工程量时, 常按窗框外围宽度为窗帘盒的长度, 忘记两端加 30cm。

(24) 浮搁式和嵌入式的区别。浮搁式是指将饰面板搁在龙骨框的纵横框格内, 龙骨外露成压条边, 这样的面板更换、安装方便, 又称活动式。嵌入式是指在龙骨底面装钉饰面板, 将龙骨全部包住, 使面板形成一个整体平面, 又称隐蔽式。

（25）铝合金扣板与铝合金条板的区别　铝合金扣板的接头边制作成板与板相互扣接的形式，需要用自攻螺丝与龙骨连接。铝合金扣板的接头边制作成卡头形式，可以用手直接按压卡到条板龙骨的卡口中去，不需要用螺丝与龙骨连接。铝合金条板分为开缝式条板和闭缝式条板。

（26）雨罩、挑檐顶面装修执行屋面工程的相应定额子目，底面装修执行天棚工程的相应定额子目；阳台底面装修执行天棚工程的相应子目。

注：雨罩、挑檐顶面装修常误执行天棚工程的相应定额子目。

（27）阳台拦板、斜挑檐执行外墙装修相应定额子目；雨罩、挑檐立板高度不超过 500mm 时，檐口执行零星项目的相应定额子目；高度超过 500mm 时，执行外墙装修相应定额子目。

注：常不管立板高度超出 500mm 与否，一律执行外墙装修相应定额子目。

（28）天沟的檐口遮阳板、池槽、花池、花台等均执行零星项目的相应定额子目。

注：天沟的檐口遮阳板、池槽、花池、花台等的装修常容易漏算。

（29）外墙抹灰面积按外墙面的垂直投影面积以平方米为单位计算。应扣除门窗框外围、装饰线和超过 $0.3m^2$ 孔洞所占面积，洞口侧壁面积不另增加。附墙垛、梁、柱侧面抹灰面积并入外墙面抹灰工程量内计算。

注：常误把洞口侧壁面积并入外墙抹灰面积。

（30）墙面（包括柱面）的装饰材料一般包括涂料、石材、墙砖、墙纸、软包、护墙板、踢脚线等。计算面积时，材料不同，计算方法也不同。涂料、墙纸、软包、护墙板的面积按长度乘以高度，以平方米为单位计算。长度按主墙面的净长计算；高度：无墙裙者从室内地面算至楼板底面，有墙裙者从墙裙顶点算至楼板底面；有吊顶天棚的从室内地面（或墙裙顶点）算至天棚下沿，再加 20cm。门、窗所占面积应扣除 1/2，但不扣除踢脚线、挂镜线、单个面积超过 $0.3m^2$ 的孔洞面积和梁头与墙面交接的面积。镶贴石材和墙砖时，按实铺面积以平方米为单位计算，安装踢脚板面积按房屋内墙的净周长计算，单位为米。

注：门、窗所占面积容易忘记扣除。

7.4 各种面层计算方法与技巧

7.4.1 装饰工程中的楼地面面层

楼地面是室内空间的重要组成部分，也是室内装饰施工的重要部位，而楼地面层与人、家具、设备等直接接触，承受各种物理、化学作用。为此楼地层面层的构造和施工显得非常重要。

装饰工程中的楼地面面层一般由基层、垫层、填充层、隔离层、找平层、结合层面层组成。楼地面面层的名称通常以面层所用的材料来命名，如水泥砂浆地面、塑料地面石材、大理石地面等。

（1）垫层　垫层是在面层以下，承受地面以上荷载，并将它均匀传递到下面地基土层上的一种应力分布的结构层。

垫层分为灌石油沥青碎石、砾石垫层及钢筋混凝土垫层。

灌石油沥青碎石、砾石垫层是在基土层上洒布石油沥青及铺嵌缝料而成。碎石采用强度均匀的石料，其粒径为 50mm 左右，石油沥青的软化点应为 40～50℃。其施工要点为：

① 碎石垫层的铺设应先分层铺设，碎石在碾压时浇水碾压到碎石不松动，表面无波纹为止。

② 碎石层铺设后，用洒油机在碎石表面上洒布石油沥青 3 次。

③ 洒布石油沥青后均应立即铺撒嵌缝石。

混凝土垫层是采用不低于 C10 的混凝土铺设而成，其厚度应大于等于 60mm。

④ 水泥可采用硅酸盐水泥、普通硅酸盐水泥、炉渣硅酸盐水泥、火山灰硅酸盐水泥和粉煤灰水泥。

⑤ 垫层用于基础垫层时，按相应定额人工乘以系数 1.2。

⑥ 混凝土应搅拌均匀，其强度达到 1.2MPa 以后，才能在其上做面层。

⑦ 垫层边长超过 3m 的，应分格进行浇筑，分格缝应结合变缝的位置，不同材料的地面连接处和设备基础的位置等划分。

（2）找平层　找平层主要是指楼地面面层以下，因技术上的需要而进行找平的一种过渡层，也称为打底。墙柱面装饰中也有找平层，但不另外计算。在铺找平层之前，首先应清理干净，而且应保证找平层的稳定性。

（3）整体面层　整体面层包括水泥砂浆、水磨石、水泥豆石浆、明沟、散水、防滑坡道、菱苦土、金属嵌条、防滑条等 27 项。

① 水泥砂浆楼梯展开面积取定如图 7-1 所示。取定层高为 3m 梯步角度为 30°46′，踏步高度为 167mm，踏步宽度为 280mm，每 100m² 投影面积的展开面积为 133m²。

② 水磨楼梯展开面积取定如图 7-1 所示。取定层高为 3.20m，梯步角度为 28°04′，踏步高度为 160mm，踏步宽度为 300mm。每 100m² 投影面积的展开面积为 136.5m²。

③ 台阶不包括牵边、侧面抹灰。台阶取定如图 7-2 所示。台阶每 100m² 投影面积含展开面积 148m²。

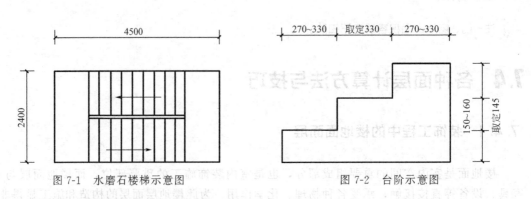

图 7-1　水磨石楼梯示意图　　　　　　图 7-2　台阶示意图

④ 水泥砂浆楼梯、台阶不包括找平层，水磨石、水泥豆石浆均包括水泥砂浆打底。

⑤ 明沟包括土方、混凝土垫层、砌砖或浇捣混凝土、水泥砂浆面层。各种明沟断面尺寸取定如图 7-3～图 7-5 所示。

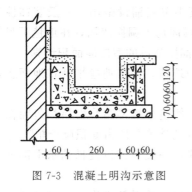

图 7-3　混凝土明沟示意图

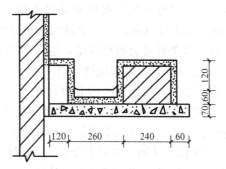

图 7-4　砖砌靠墙明沟示意图

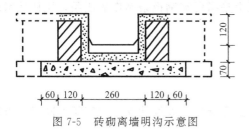

图 7-5　砖砌离墙明沟示意图

图 7-6　水磨石面层

1—素土夯实；2—混凝土垫层；

3—刷素水泥浆一道；

4—18 厚 1∶3 水泥砂浆找平层；

5—刷水泥浆结合层一道；

6—10～15 厚 1∶（1.5～2）水泥白石子浆

⑥ 水磨石面层。如图 7-6 所示。水磨石面层有两种：现浇水磨石面层和预制水磨石面层。

a. 现浇水磨石面层　为保证其质量，对所用材料有如下要求：（a）水泥——为保证颜色与水磨石的色泽一致，深色面层宜采用大于 42.5 级的硅酸盐水泥普通硅酸盐水泥、矿渣硅酸盐水泥；白色或浅色面层宜采用高于 42.5 级的白水泥。水泥应符合有关质量要求。（b）石料——水磨石面层应采用质地密实、磨面光亮而硬度不高的大理石、白云石、方解石或硬度较高的花岗石、玄武岩、辉绿岩等。

b. 预制水磨石面层的相关内容

7.4.2　楼地面装饰工程定额的运用

（1）在计算楼梯项目的装饰面时，应注意"投影面积"中不包括楼梯踏步侧面和底面，楼梯板侧面的装饰按装饰线项目计算，楼梯底板的装饰按顶棚面计算。

（2）踢脚板高度定额是按 150mm 编制的，若实际设计尺寸超过的，材料用量及其材料费和基价可以调整，其他人工和机械台班不变。调整量（如材料量、材料费、基价等）按下式计算：

$$调整量＝定额量×（设计高度÷150）$$

（3）定额中的"零星装饰"项目，只适用于小便槽、便池蹲位、室内地沟等零星项目。

（4）定额中的"地毯"项目　楼地面分固定式（固定式又分单层和双层）和不固定式；楼梯分满铺和不满铺；踏步分压棍和压板。它们的区别如下：

① 楼地面固定式地毯，是指将地毯经裁边、拼缝、黏结成一块整片后，用胶黏剂或倒

刺木卡条，将地毯固定在地面基层上的一种方式。其中单层铺设是用于一般装饰性工艺地毯，地毯有正反两面；而双层铺设的地毯无正反面，两面均可调换使用，在地毯下另铺有一层垫料，其垫料可为塑料胶垫，也可为棉毡垫。它们都按铺设的室内净面积计算。

② 楼地面不固定式地毯　它是指一般的活动摊铺地毯，即将地毯平铺在地面上，不作任何固定处理，也按室内净面积计算。

③ 楼梯满铺　它是指从梯段最顶级铺到最底级，使整个楼梯踏步面层都包铺在地毯之下的一种形式。它按水平投影面积计算，大于 500mm 的楼梯井所占面积应予扣除。

④ 楼梯不满铺　这是指分散分块铺设的一种形式，一般多铺设楼梯的水平部分，踏步立面不铺。这种形式按实铺面积计算。

⑤ 踏步压棍与压板　它们用于地毯踏步的转角部位，压棍是指用小型钢管制作而成的压条，压住踏步地毯的边角部位，按套计算。压板是指用窄钢板条制作的压条，压住地毯的边角部位，按长度计算。

7.4.3　楼地面装饰工程定额换算

（1）本章水泥砂浆、水泥石子浆、混凝土等的配合比，如设计规定与定额不同时，可以换算。

（2）整体面层、块料面层中的楼地面项目，均不包括踢脚板工料；楼梯不包括踢脚板、侧面及板底抹灰，另按相应定额项目计算。

（3）踢脚板高度是按 150mm 编制的。超过时材料用量可以调整，人工、机械用量不变。

（4）菱苦土地面、现浇水磨石定额项目已包括酸洗打蜡工料，其余项目均不包括酸洗打蜡工料。

（5）扶手、栏杆、栏板适用于楼梯、走廊、回廊及其装饰性栏杆、栏板。扶手不包括弯头制作与安装，另按弯头单项定额计算。

（6）台阶不包括牵边、侧面装饰。

（7）定额中的"零星装饰"项目，适用于小便池、蹲位、池槽等；本定额未列的项目，可按墙、柱面中相应项目计算。

（8）木地板中的硬木板、杉木板、松木板，是按毛料厚度 25mm 编制的，设计厚度与定额厚度不同时，可以换算。

（9）地面伸缩缝按相应项目及规定计算。

（10）碎石、砾石灌沥青垫层按相应项目计算。

（11）钢筋混凝土垫层按混凝土垫层项目执行，其钢筋部分按相应项目及规定计算。

（12）各种明沟平均净空断面（深×宽）均按 190mm×260mm 计算的，断面不同时允许换算。

（13）地面垫层按室内主墙间净空面积乘以设计厚度以立方米为单位计算。应扣除凸出地面的构筑物、设计基础、室内铁道、地沟等所占体积。不扣除柱、垛、间壁墙、附墙烟囱及面积在 0.3m² 以内孔洞所占体积。

（14）整体面层、找平层均按主墙间净空面积以平方米为单位计算。应扣除凸出地面构筑物、设计基础、室内管道、地沟等所占面积，不扣除柱、垛、间壁墙、附墙烟囱及面积不超过 0.3m² 的孔洞所占的面积，但门洞、空圈、暖气包槽、壁龛的开口部分亦不增加。

（15）块料面层，按图示尺寸实铺面积以平方米为单位计算，门洞、空圈、暖气包槽和壁龛的开口部分的工程量并入相应的面层内计算。

(16) 楼梯面层（包括踏步、平台及小于500mm宽的楼梯井）按水平投影面积计算。

(17) 台阶面层（包括踏步及最上一层踏步沿300mm）按水平投影面积计算。

(18) 踢脚板按延长米计算，洞口、空圈长度不予扣除，洞口、空圈、垛、附墙烟囱等侧壁长度亦不增加。

(19) 散水、防滑坡道按图示尺寸以平方米为单位计算。

(20) 栏杆、扶手包括弯头长度按延长米计算。

(21) 防滑条按楼梯踏步两端距离减300mm，按延长米计算。

(22) 明沟按图示尺寸按延长米计算。

7.4.4　楼地面装饰工程工程量计算常用公式

(1) 面层

① 水泥砂浆和混凝土面层等整体面层工程量

$$面层工程量＝净长×净宽$$

② 结构楼地面工程量

木地板工程量按下式计算：

$$面层工程量＝净长×净宽$$

③ 贴面工程量

镶贴地面面层工程量按图示尺寸以投影面积计算。

(2) 垫层

$$地面垫层工程量＝(地面面层面积－沟道所占面积)×厚度$$

(3) 墙基防潮层

$$外墙工程量＝外墙基中心线长×墙基厚$$
$$内墙工程量＝内墙基净长×墙基厚$$

(4) 伸缩缝

① 外墙伸缩缝如果设计为内外双面填缝时，工程量计算公式如下：

$$工程量＝外墙伸缩缝长度×2$$

② 伸缩缝断面按以下情况考虑

建筑油膏工程量按下式计算：

$$工程量＝宽×深＝30mm×20mm$$

其余材料工程量按下式计算：

$$工程量＝宽×深＝30mm×150mm$$

如设计不同时，材料可按比例换算，人工不变。

(5) 明沟和散水

① 明沟

工程量按设计中心线长以延长米计算，垫层、挖土按相应定额执行。

② 散水

工程量＝（建筑物外墙边线长＋散水设计宽×4）×散水设计宽－台阶、花池等所占面积

整体面层、找平层均按主墙间净空面积以平方米为单位计算。应扣除凸出地面的构筑物、设备基础、室内铁道、地沟等所占面积，不扣除柱、垛、间壁墙、附墙烟囱及面积不超过0.3m²的孔洞所占面积，但门洞、空圈、散热器槽、壁龛的开口部分亦不增加。

7.5 不同配合比砂浆之间的换算

【例 7-1】 已知：水泥容重为 1200kg/m³，砂子容重为 1500kg/m³，砂子容重为 2650kg/m³。试求水泥石灰砂浆 1∶0.3∶4 的每立方米材料用量。

【解】

$$砂子空隙率 = \left(1 - \frac{砂子容重}{砂子容重}\right) \times 100\%$$

$$= \left(1 - \frac{1550}{2650}\right) \times 100\%$$

$$= 41\%$$

$$砂子用量 = \frac{砂子比例数}{配合比总的比例数 - 砂子比例数 \times 砂子空隙率}$$

$$= \frac{4}{(1+0.3+4) - 4 \times 0.41}$$

$$= 1.09(\text{m}^3)$$

因 1.09m³ 大于 1.0m³，取定为 1.0m³。

$$水泥用量 = \frac{水泥比例数 \times 水泥容重}{砂子比例数} \times 砂子用量$$

$$= \frac{1 \times 1200}{4} \times 1$$

$$= 300(\text{kg})$$

$$石灰膏用量 = \frac{石灰膏的比例数}{砂子比例数} \times 砂子用量$$

$$= \frac{0.3}{4} \times 1$$

$$= 0.075(\text{m}^3)$$

纯水泥浆用料量计算（净用量）：

一般纯水泥浆的用水量按水泥质量的 35% 计算。水泥容重为 1200kg/m³，相对密度为 3.1。

$$水灰比 = \frac{水的质量比 \times 水泥容重}{水的容重}$$

$$= \frac{0.35 \times 1200}{1000}$$

$$= 0.42$$

$$虚体积系数 = \frac{1}{1+0.42}$$

$$= 0.7042$$

$$收缩后的水泥净体积 = 虚体积系数 \times \frac{水泥容重}{水泥相对密度}$$

$$= 0.7042 \times \frac{1200}{3100}$$

$$= 0.2725(\text{m}^3)$$

$$收缩后的水净体积 = 0.7042 \times 0.42$$

$$= 0.2958(\text{m}^3)$$

$$收缩后的总体积 = 0.2725 + 0.2958$$

$$= 0.5683(\text{m}^3)$$

$$实体积系数 = \frac{1}{(1+水灰比) \times 收缩后总体积}$$

$$= \frac{1}{(1+0.42) \times 0.5683}$$

$$= 1.2392$$

$$水泥用量 = 实体积系数 \times 水泥容重$$

$$= 1.2392 \times 1200$$

$$= 1487.04 (kg)$$

$$用水量 = 实体积系数 \times 水灰比$$

$$= 1.2392 \times 0.42$$

$$= 0.5205 (m^3)$$

麻刀（纸筋）石灰膏用料量计算（净用量）：

麻刀石灰膏或纸筋石灰膏均按以 1.0m³ 石灰膏计算，另外按掺加麻刀 12kg 或纸筋 37kg 计算。

石灰麻刀砂浆和水泥石灰麻刀砂浆均可按"一般抹灰砂浆的计算公式"进行计算，另掺加麻刀 16.4kg。

石灰膏浆用料量计算（净用量）：

石膏粉的容重可按 1000kg/m³ 计算，相对密度为 2.75，加水量为 80%。

每立方米石灰膏浆一般掺加纸筋 26kg，每千克纸筋折合体积为 0.0011m³，共折合 0.0286m³。

$$水灰比 = \frac{水的质量 \times 石膏料容重}{水的容重}$$

$$= \frac{0.8 \times 1000}{1000}$$

$$= 0.80$$

$$虚体积系数 = \frac{1}{1+0.8}$$

$$= 0.556$$

$$收缩后的石膏粉净体积 = 0.556 \times \frac{1.0}{2.75}$$

$$= 0.202 (m^3)$$

$$收缩后的水净体积 = 0.556 \times 0.80$$

$$= 0.445 (m^3)$$

0.80 为水灰比。

$$收缩后的总体积 = 0.202 + 0.445$$

$$= 0.647 (m^3)$$

$$实体积系数 = \frac{1}{(1+水灰比) \times 收缩后总体积}$$

$$= \frac{1}{(1+0.8) \times 0.647}$$

$$= 0.858$$

$$石膏粉用量 = (0.858 - 0.0286) \times 1000$$

$$= 829 (kg)$$

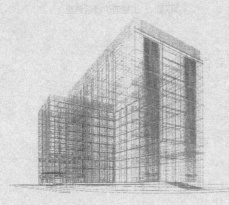

8.1 某企业会议室投标书

投标文件

投标文件内容：某企业会议室装修工程（盖公章）

投标人：＿＿＿＿＿＿＿＿＿＿（盖公章）

法定代表人或其委托代理人：＿＿＿＿＿＿＿（签字）

日期：2016 年××月××日

目　录

一、授权委托书

　　本人（姓名）系（投标人名称）的法定代表人，现委托（姓名）为我方代理人。代理人根据授权，以我方名义签署、澄清、说明、补正、递交、撤回、修改（招标编号：×××××××××××）施工投标文件、签订合同和处理有关事宜，其法律后果由我方承担。

　　委托期限：2016 年×月××日——2016 年×月××日

　　代理人无转委托权。

投 标 人：（盖单位章）

法定代表人：

委托代理人：

委托代理人：

时　　　间：2016 年×月××日

二、资格审查资料

　　1.企业营业执照副本

　　2.建筑企业资质证书副本

　　3.组织机构代码证副本

　　4.项目经理资格证书复印件

　　5.税务登记证副本

　　6.安全生产许可证

三、公司简介

　　长久以来或与其他公司合作完成众多装饰设计和施工任务。公司是由国家注册二级建造师、国家室内装饰设计师等专业人士组建的。公司位于河南省郑州市，注册资金100 万元，是专业从事各类装饰设计与施工的资质企业，企业设计等级为乙级，施工等级为乙级，可承担 1000 万元室内装饰、设计工程项目。

　　公司在经营管理方面不断创新，公司用严谨科学的工作态度、用户至上的全方位服务、精致唯美的设计风格、精益求精的施工技术来刻画和创造每一位客户的生活、工作环境和空间，公司本着"设计是装修的灵魂，质量是企业的生命，诚信是立业根本，与时俱进是事业发展之道"的经营理念，用品质赢取客户，用真诚服务客户，用质量取信客户，用满意回报客户。

　　公司理念：厚德、求精、真诚、笃行。

　　服务宗旨：客户至上、严细认真、一丝不苟、打造品牌。

　　公司全体员工真诚期待您的大力支持。

四、质量承诺书

为确保装修工程项目施工质量，本次项目施工负责人郑重承诺，将依照施工合同对本次施工范围内的质量及保修承担责任，承诺基本内容如下：

1.依法取得相应等级的资质证书，并在其资质等级许可的范围内承揽工程。

2.建立质量责任制，对建筑工程的施工质量负责。要求项目负责人做施工现场记录，记录工程的各部分施工是哪个或哪几个负责施工，一旦该部分出现施工质量问题，将对该部分工程负相关责任，项目负责人有连带责任。

3.按照工程设计图纸和施工技术标准施工，不擅自修改工程设计，不偷工减料。在施工过程中发现设计文件和图纸有差错的，及时提出意见和建议。

4.按照工程设计要求，施工技术标准和合同约定对各种材料及构、配件进行检验，未经检验或检验不合格的不使用。

5.建立、健全施工质量的检验制度，严格工序管理，做好隐蔽工程的质量检查和记录。

6.建立、健全教育培训制度，加强对员工的教育培训，未经教育培训或者考试不合格的人员，不上岗作业。

7.依法履行建筑装饰工程质量保修义务。

8.在保修期内应无条件的全额免费履行维修义务，不得以任何理由推脱、拖延甲方的维修项目。

2016 年×月××日

五、廉政承诺书

甲方：

乙方：

为加强工程建设中的廉政建设和确保工程建设的顺利进行，规范工程建设项目各项管理，预防各种谋取不正当利益的违法违纪行为的发生，维护国家、集体和个人的合法权益，根据国家有关工程建设的法律法规和学校的相关规定，特订立本廉政建设承诺书。

第一条：甲乙双方的责任

（一）应严格遵守国家关于市场准入、项目招标投标、工程建设、施工安装和市场活动等有关法律、法规、相关政策，以及廉政建设的各项规定。

（二）严格执行建设工程项目承发包合同文件，自觉按合同办事。

（三）业务活动必须坚持公开、公平、公正、诚信、透明的原则（除法律法规另有规定者外），不得为获取不正当的利益，损害国家、集体和对方利益，不得违反工程建设管理、施工安装的规章制度。发现对方在业务活动中有违规、违纪、违法行为的，应及时提醒对方，情节严重的，应向其上级主管部门或纪检监察、司法等有关机关举报。

第二条：甲方的责任

甲方的领导和从事该建设工程项目的工作人员，在工程建设的事前、事中、事后应遵守以下规定：

（一）不准向乙方索要或接受回扣、礼金、有价证券、物品和好处费、感谢费等。

（二）不准在乙方报销任何应由甲方或个人支付的费用。

（三）不准要求、暗示和接受乙方为个人装修住房、婚丧嫁娶、配偶子女的工作安排，以及出国（境）、旅游等提供方便。

（四）不准参加有可能影响公正执行公务的乙方宴请和健身、娱乐等活动。

（五）不准向乙方介绍或为配偶、子女、亲属参与同甲方项目工程施工合同有关的设备、材料、工程分包、劳务等经济活动。不得以任何理由向乙方推荐和要求乙方购买项目工程施工合同规定以外的材料、设备等。

（六）新校区建设指挥部监审部将对建设工程项目发包合同规定的工程进度和预付工程款实施监督。

第三条：乙方的责任

应与甲方保持正常的业务交往，按照有关法律法规和程序开展业务工作，严格执行工程建设的有关方针、政策，尤其是有关建筑施工安装的强制性标准和规范，并遵守以下规定：

（一）不准以任何理由向甲方、相关单位及其工作人员赠送礼金、有价证券、物品和回扣、好处费、感谢费等。

（二）不准以任何理由为甲方和相关单位报销应由对方或个人支付的费用。

（三）不准接受或暗示为甲方、相关单位或个人装修住房、婚丧嫁娶、配偶子女的工作安排，以及出国（境）、旅游等提供方便。

（四）不准以任何理由为甲方、相关单位或个人组织有可能影响公正执行公务的宴请、健身、娱乐等活动。

（五）自觉接受甲方纪检监察部门对建设工程项目承包合同规定的工程进度和预支工程款施行监督。

（六）不准乙方把自己范围内的物资采购、经济矛盾推给甲方。服从甲方的管理，遵守甲方关于工程建设有关方面的制度和规定。

第四条：责任追究

（一）甲方工作人员有违反本承诺书第一、二条责任行为的，按照管理权限，依据有关法律法规、廉洁自律规定和学校纪检监察工作制度追究责任；给乙方单位造成经济损失的，应予以赔偿。

（二）乙方工作人员有违反本承诺书第一、三条责任行为的，按照管理权限上报乙方主管部门和上级纪检监察机关；涉嫌犯罪的，移交司法机关追究刑事责任；给甲方单位造成经济损失的，应予以赔偿。

第五条：本承诺书作为工程施工合同的附件，与工程施工合同具有同等法律效力，经双方签署后立即生效。

甲方单位（盖章）　　　　　　　　　　乙方单位（盖章）

2016 年×月××日　　　　　　　　　　2016 年×月××日

六、投标承诺书

投标人承诺：

1. 我单位已认真阅读本报名项目的招标公告及相关资料，对本项目的招标范围、内容和要求有实质性了解，并确信已完全符合招标公告所列的报名条件和要求，愿意参加投标并愿意中标。

2. 本报名表填写内容已认真逐项核对，所列人员及拟派人员均为本单位正式职工，具备本工程所需的资格条件，拟派项目部技术管理人员均无在建工程，中标后能确保到岗到位。

3. 自觉遵守国家、省及郑州市有关工程招投标管理的规定，服从业主、监理单位的管理，坚决做到不转包，不使用挂靠施工队伍。若有分包，将征得建设单位同意，并按规定报有关部门备案。

4. 自觉维护建筑市场的良好秩序，根据企业实力组织投标报价，保证投标文件不存在低于成本的恶意报价行为。

5. 若中标，保证按投标文件承诺派驻管理人员及投入机械设备，严格执行基本建设程序，按合同约定的时间、内容、质量、安全标准及有关施工技术规范、规程、强制性条文和安全文明施工规定完成全部工作量，精心组织，按图施工，确保工程质量和施工安全，决不无故拖延工期。

6. 保证按时支付建筑工人的工资，杜绝建筑工人上访事件。

本表所列内容及上述承诺事项均表达本单位真实意见，愿承担法律责任。若有任何弄虚作假的内容，经查实后，愿意放弃投标及中标资格并接受招投标监管部门的处罚。

投标人（公章）： 　　　　　　　　法定代表人（签名）：

2016 年×月××日

七、投标预算书

工程施工图投标预算表

序号	定额编号	分项工程名称	计量单位	工程量	基价/元	其中/元			合价/元
						人工费	材料费	机械费	
1	A4-187	C10混凝土垫层	10m³	2.7521	244.33	241.68	2.65	—	672.421
2	B1-1	楼地面水泥砂浆20mm	100m²	2.7521	560.17	183.40	359.55	17.22	1541.644
3	B1-77	300mm×300mm抛光砖块料面层	100m²	0.1889	6692.25	729.96	5953.68	8.61	1264.166

续表

序号	定额编号	分项工程名称	计量单位	工程量	基价/元	人工费	材料费	机械费	合价/元
						其中/元			
4	B1-99	800mm×800mm×8mm玻璃地砖块料面层	100m²	2.1837	18711.56	749.00	17962.56	—	40860.434
5	B1-171	实木拼花地板,铺在水泥地面上企口	100m²	0.2922	13235.91	1151.92	12058.99	25	3867.533
6	B1-51	花岗岩台阶面	100m²	0.1099	34145.2	1326.92	32792.95	25.33	3752.557
7	B1-31	大理石踢脚线	100m²	0.1231	12971.36	1058.40	11901.89	11.07	1596.774
8	A3-117	砖散水平铺	100m²	0.3576	1633.92	481.20	1137.55	15.17	584.290
9	B2-7换	墙面一般抹灰,外墙抹灰,20mm水泥砂浆面	100m²	2.6017	769.88	425.04	325.56	19.28	2002.997
10	B2-7换	墙面一般抹灰,外墙裙抹灰20mm,水泥砂浆面	100m²	0.5664	769.88	425.04	325.56	19.28	436.060
11	B2-7换	墙面一般抹灰,内墙面抹灰,20mm水泥砂浆面	100m²	3.2316	769.88	425.04	325.56	19.28	2487.944
12	B2-7换	墙面一般抹灰,内墙裙抹灰,20mm水泥砂浆面	100m²	0.6713	769.88	425.04	325.56	19.28	516.820
13	B2-121	外墙面,镶贴500mm×500mm瓷面	100m²	2.6804	7714.78	1058.84	6651.37	4.57	20678.696
14	B2-153	外墙裙凹凸假麻石砖200mm×75mm	100m²	0.5697	9766.39	1355.48	8410.49	0.42	5563.912
15	B2-120	内墙面,300mm×300mm陶瓷面砖,水泥膏	100m²	0.9128	6035.99	1169.84	4865.73	0.42	5509.652
16	B2-115	内墙面,文化石,1:2水泥砂浆	100m²	2.4181	6413.16	1554.28	4852.47	6.41	15507.662
17	B2-153	内墙裙凹凸假麻石砖200mm×75mm	100m²	0.6713	9766.39	1355.48	8410.49	0.42	6556.178
18	B3-105	石膏板	100m²	0.1978	4221.49	302.40	3919.09	—	835.011

续表

序号	定额编号	分项工程名称	计量单位	工程量	基价/元	其中/元			合价/元
						人工费	材料费	机械费	
19	B3-100	铝塑板	100m²	2.3184	14880.83	378.00	14502.83	—	34499.716
20	B4-205	转门安装	100m²	0.0432	3304.69	944.16	2194.94	165.59	142.763
21	B4-255	铝合金玻璃门安装	100m²	0.0432	5224.29	1014.44	4209.85	—	225.689
22	B4-209	塑钢门安装,带亮子	100m²	0.063	2118.19	1117.20	1000.99	—	133.446
23	B4-262	铝合金平开门安装	100m²	0.0756	5982.68	979.16	5003.52	—	452.291
24	B4-50	镶板木门带亮双扇,安装	100m²	0.0336	1712.75	609.00	1102.47	1.28	57.548
25	B4-210	塑钢门不带亮子,安装	100m²	0.0252	1760.76	1146.60	614.16	—	44.371
26	B4-212	塑钢窗安装,带纱	100m²	0.036	4588.75	1264.20	3324.55	—	165.195
27	B4-264	推拉窗带亮子,安装	100m²	0.135	4462.98	720.44	3742.54	—	602.502
28	B4-267	铝合金百叶窗安装	100m²	0.0108	3936.58	499.80	3436.78	—	42.515
合计									150600.79

注:在B2-7换墙面一般抹灰,外墙抹灰中定额用的水泥砂浆是1:2.5,本设计所采用的水泥砂浆是1:2,所以此处的材料费需要换算。具体换算过程如下:

B2-7换算后的材料费=原来的材料费+(水泥砂浆1:2单价-水泥砂浆1:2.5单价)×消耗量
    =314.38+(199.18-179.57)×0.57
    =325.56(元)

八、本公司施工业绩表

序号	工程名称	工程造价/元	建筑面积/m²	项目经理	单位
1	某市设备检验所（办公大楼装修）	111220	960	李××	河南省某装饰公司
2	某市供电局（房屋修缮工程）	675200	870	张××	河南省某装饰公司
3	某市电视台（维修工程）	150000	105	冯××	河南省某装饰公司

8.2 某住宅装修结算书

某住宅装饰工程竣工结算书

发包人（甲方）：

承包人（乙方）：

工程名称：河南省郑州市某小区住宅楼装修工程

工程建设地点：河南省郑州市××区××路

合同价（元）小写：　　　　　　　　　　　　结算价（元）小写：

　　　　　　大写：　　　　　　　　　　　　　　　　大写：

开工日期：　　　　　　　　　　　　　　　　竣工日期：

备注：

1. 结算编制依据××年×月×日签订的施工合同以及投标报价表。

2. 附件（1）施工增加项目详单，附件（2）施工减少项目详单，

　附件（3）投标报价表，附件（4）施工合同。

3. 此表一式四份：建设单位两份，验收单位一份，施工单位一份。

建设单位：　　　　　　　　　　　　　　　　施工单位：

代表人（签字）：　　　　　　　　　　　　　代表人（签字）：

　　年　月　日　　　　　　　　　　　　　　　　年　月　日

建设单位：

代表人（签字）：

××年××月×日

8.3 某宾馆装修预算书

　　某宾馆平面图如图 8-1 和图 8-2 所示，楼地面、墙柱面、天棚工程、门窗工程等各项装饰装修工程做法如图 8-3～图 8-6 所示，试计算该宾馆装饰装修工程各项工程量。

8.3.1 工程概况

　　该宾馆工程为两层框架结构，宾馆采用内廊式建筑，建筑面积为 $387.94m^2$，建筑总高度为 7.050m，层高为 3.00m，楼板厚均为 120mm，楼梯为板式楼梯，平台板厚为 100mm，内外墙均为 200mm 厚加气混凝土砌块，室内外地平高差为 450mm，屋面女儿墙高为 600mm，为不上人屋面。

8.3.2　房间名称

（1）底层

设有 3900mm×6900mm 大厅；2100mm×23400mm 走廊；3900mm×6900mm 洁具间，用来清洗宾馆床被；另有 3900mm×2300mm 配电室；标准房间 9 间，其中在建筑四角的房间较其他房间在横向多出 1/2 墙厚；每个标准间内设有 2300mm×2300mm 大小的卫生间。

（2）二层

设有 2100mm×23400mm 走廊；3900mm×6900mm 洁具间，用来清洗宾馆床被；另有 3900mm×2300mm 配电室；标准房间 10 间，其中在建筑四角的房间较其他房间在横向多出 1/2 墙厚；每个标准间内设有 2300mm×2300mm 大小的卫生间。

8.3.3　门窗洞口尺寸

对门窗的要求如表 8-1、表 8-2 所示。

表 8-1　门窗表

类型	设计编号	洞口尺寸/mm	数量		
			1 层	2 层	合　计
门	M0921	900×2100	11	12	23
	M921	900×2100	9	10	19
	M2721	2700×2100	1	—	1
窗	C1518	1500×1800	2	2	4
	C2718	2700×1800	11	12	23

表 8-2　宾馆门窗洞口尺寸

序号	名称	编号	宽/mm	高/mm	数量	所在位置	备注
1	铝塑门	M0921	900	2100	23	标准间房门	
2	铝塑门	M921	900	2100	19	卫生间房门	铝合金窗用 5mm 厚蓝色玻璃
3	定制玻璃旋转门	M2721	2700	2100	1	大厅门	
4	铝合金窗	C1518	1500	1800	4	走廊两旁	
5	铝合金窗	C2718	2700	1800	23	标准间房内	

8.3.4　楼地面装饰

对楼地面装饰的要求如表 8-3 所列。

表 8-3　宾馆楼地面装饰

序　号	房间部位	装饰做法	备　注
1	一、二层走廊	铺橡胶绒地毯	—
2	大厅	铺大理石面层	—
3	走廊	铺大理石面层	包括上、下两层走廊
4	标准间内	铺大理石面层	—
5	标准间卫生间	铺 300mm×300mm 防滑砖	不扣除坐便器、洗面器、淋浴器所占面积
6	洁具间	铺大理石面层	—
7	配电室	铺大理石面层	—
8	楼梯	铺大理石面层	—
9	室外台阶	豆绿色花岗岩地面	—
10	踢脚板	花岗岩踢脚板	高 150mm

8.3.5　墙面装饰

内墙墙面装饰如表 8-4 所示。

表 8-4　宾馆内墙墙面装饰

序号	房间名称	墙面做法	备　注
1	标准间卫生间	米黄色瓷砖墙面到顶	瓷砖 300mm×300mm
2	标准间、洁具间	墙裙为 800mm 高水刷豆石	窗台距地面 800mm
3	标准间、洁具间	墙裙以上墙面混合砂浆抹面后喷仿瓷涂料	—
4	走廊	混合砂浆抹面后喷仿瓷涂料	—
5	大厅	混合砂浆抹面后贴仿锦缎壁墙纸到顶	—

宾馆外墙面装饰取勒脚高度，室内外地平高差 450mm；外墙裙为水刷白石子，高度为 800mm，墙裙上方刷喷暗红色涂料。

8.3.6　顶棚装饰

宾馆顶棚装饰如表 8-5 所示。

表 8-5　宾馆顶棚装饰

序号	房间名称	顶棚做法	备　注
1	标准间	混合砂浆抹灰后，喷仿瓷涂料	—
2	标准间卫生间	木方格吊顶顶棚，润油粉二遍，刮腻子，封油漆一遍，聚氨酯漆一遍，聚氨酯清漆二遍	吊顶高 150mm
3	走廊、楼梯	混合砂浆抹面后喷仿瓷涂料	走廊包括上、下两层
4	大厅	T 形铝合金龙骨上安装胶合板面，底油一遍，调和漆二遍，磁漆二遍	吊顶高 150mm

楼地面工程见图 8-1～图 8-6。

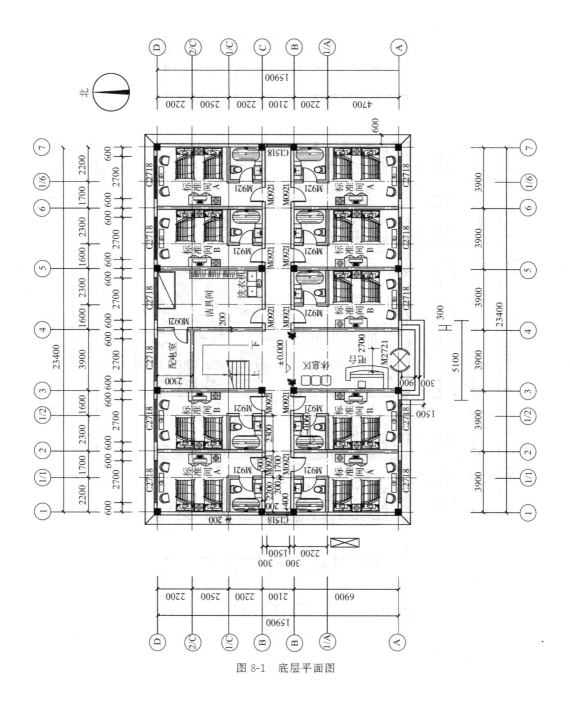

图 8-1 底层平面图

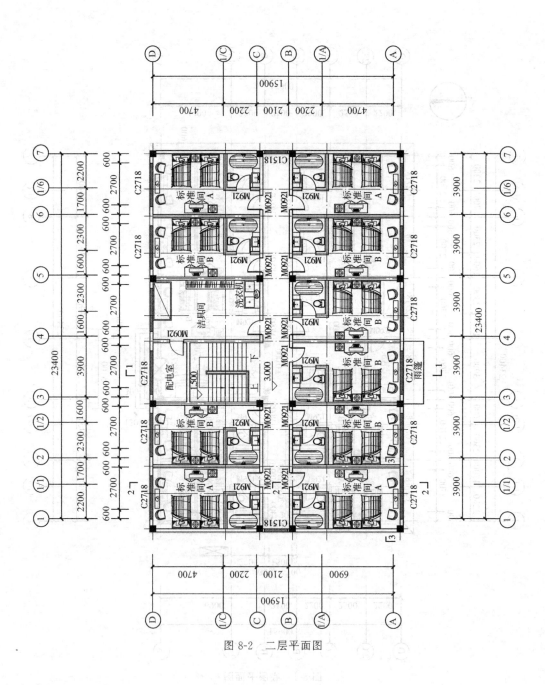

图 8-2 二层平面图

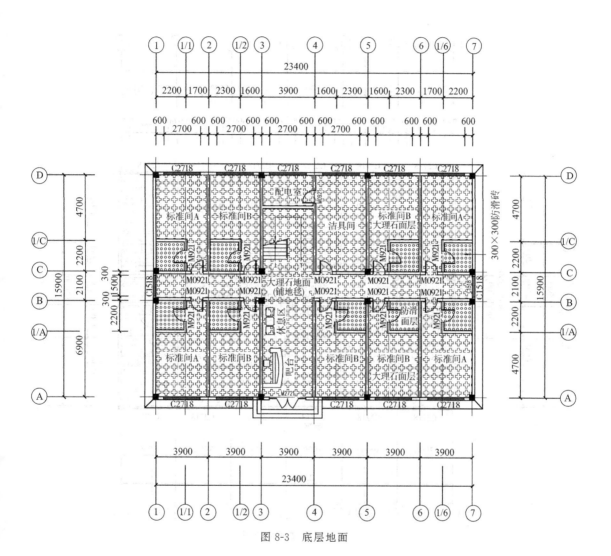

图 8-3 底层地面

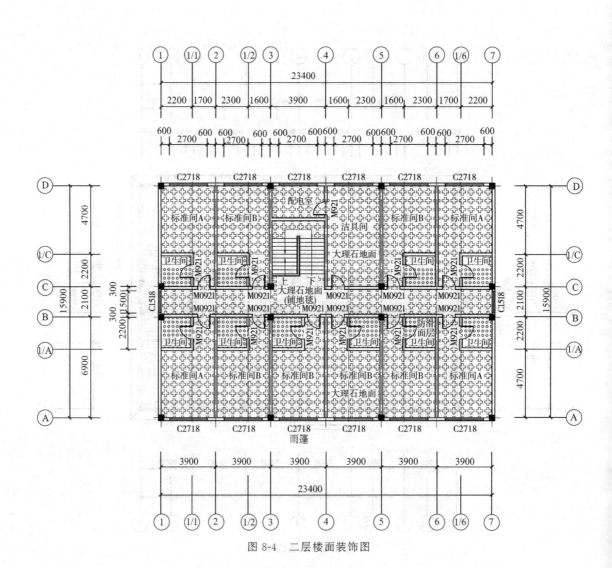

图 8-4 二层楼面装饰图

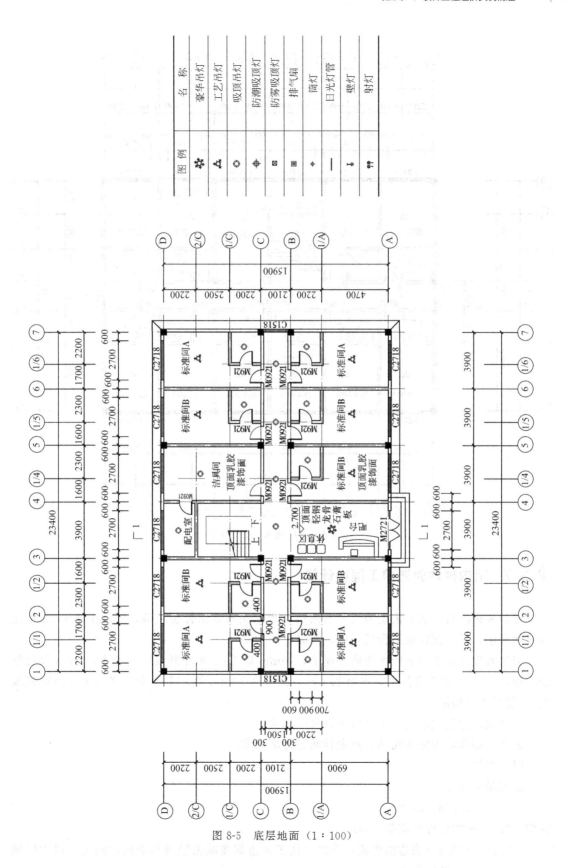

图 8-5　底层地面（1：100）

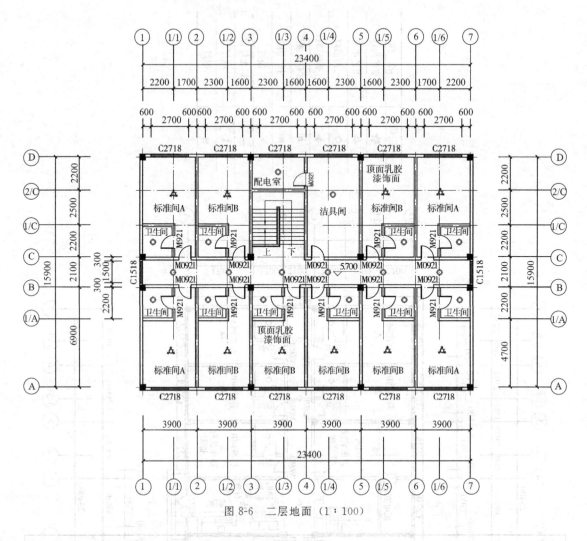

图 8-6 二层地面 (1：100)

8.3.7 室内楼地面清单工程量计算

楼地面做法自上而下依次为大理石面层，素水泥砂浆结合层一道，20mm 厚 1：3 水泥砂浆找平层，素水泥砂浆结合层一道，混凝土结构层。

卫生间做法自上而下依次为防滑面层，20mm 厚 1：2 水泥砂浆随捣抹光，3mm 厚聚氨酯涂膜，1：3 水泥砂浆找坡，坡度为 1%，最薄处 10mm 厚，素水泥砂浆一道（内掺建筑胶），混凝土结构层。

走廊铺设橡胶绒地毯，踢脚板为石材踢脚板。

四个角部标间为标准间 A，其余标间为标准间 B。

（1）大厅

工程量＝（3.9－0.1×2）×6.9

　　　　＝25.53（m²）

式中　3.9——大厅轴线间距，m；

　　　0.1——轴线与墙边的距离，乘以 2 代表两边都要减去轴线与墙边的间距，得大厅横向的净距离，m；

6.9——大厅纵向方向的净距，如图 8-7 所示。

（2）走廊。

工程量＝（2.1－0.2×2）×23.4

＝39.78（m²）

式中 2.1——走廊轴线间距，m；

0.2——轴线与墙边的距离，乘以 2 代表两边都要减去轴线与墙边的间距，得到走廊纵向的净距离，m；

23.4——大厅横向方向的净距，m。

（3）标准间 A（不包括卫生间部分）

工程量＝（4.7－0.1）×（3.9－0.1）＋（2.2＋0.1）×（1.7－0.1×2）

＝20.93（m²）

式中 4.7——Ⓜ轴与Ⓝ轴之间的轴距，m。

8.3.8 预算与计价

施工图预算如表 8-6 所示。

表 8-6 某宾馆装饰装修工程施工图预算表

序号	定额编号	分项工程名称	计量单位	工程量	基价/元	其中			合计/元
						人工费/元	材料费/元	机械费/元	
1	1-24	大厅、走廊、标准间内铺大理石面层	100m²	5.64	15316.92	1361.38	13895.19	60.35	86387.43
2	1-36	卫生间内铺 300mm×300mm 防滑砖	100m²	0.86	4830.91	1458.13	3323.96	48.82	4154.58
3	1-50	橡胶绒地毯楼地面,固定,单层	100m²	0.83	5556.74	1612.5	3944.24	—	4612.09
4	1-25	磨光花岗岩楼梯面,1：4 干硬性水泥砂浆粘贴	100m²	0.14	17365.21	1374.71	15926.03	64.47	2431.13
5	1-73	花岗岩踢脚线	100m²	1.04	14701.82	1818.9	12823.19	59.73	15289.89
6	1-120	绿色花岗岩石台阶	100m²	0.06	22263.19	2375.32	19711.79	176.08	1335.79
7	2-19	浑水内墙,200mm 厚,1：2.5 水泥砂浆厚 15mm＋8mm	100m²	18.12	1253.79	712.5	521.69	19.6	22718.67
8	2-19	外墙,1：2.5 水泥砂浆厚 15mm＋8mm	100m²	2.29	1253.79	712.5	521.69	19.6	2871.18
9	2-42	内墙裙为高 800mm 水刷豆石	100m²	3.44	2948.94	2085.07	849.59	14.28	10144.35

续表

序号	定额编号	分项工程名称	计量单位	工程量	基价/元	其中			合计/元
						人工费/元	材料费/元	机械费/元	
10	2-42	外墙裙为高800mm水刷白石子	100m²	0.62	2948.94	2085.07	849.59	14.28	1828.34
11	2-42	天棚抹混合砂浆1:1:4,混凝土面	100m²	3.38	2948.94	2085.07	849.59	14.28	9967.42
12	3-20	天棚U形轻钢龙骨架(不上人),500mm×500mm平面式吊顶	100m²	5.65	2882.76	804.96	2077.8	0	16287.59
13	3-18	天棚方木龙骨架,平面式	100m²	0.84	3134.46	596.41	2528.78	9.27	2632.95
14	3-28	大厅T形铝合金龙骨上安装胶合板面	100m²	0.26	3236.63	834.2	2387.43	15	841.52
15	4-43	平开窗,铝合金,C1518框外围尺寸为1500mm×1800mm	100m²	0.11	12041.93	3049.56	8678.03	314.34	1324.61
16	4-43	平开窗,铝合金,C2718框外围尺寸为2700mm×1800mm	100m²	1.12	12041.93	3049.56	8678.03	314.34	13486.96
17	4-33	铝合金质旋转门,M2721框外围尺寸为2700mm×2100mm	樘	1	4688.45	362.49	4295.96	30	4688.45
18	4-1	铝塑门,M0921平开门外围尺寸为900mm×2100mm	100m²	0.43	16678.5	1409.97	15171.76	96.77	7171.76
19	4-1	铝塑门,M921,平开门外围尺寸为900mm×2100mm	100m²	0.36	16678.5	1409.97	15171.76	96.77	6004.26
油漆工程									
20	5-24	平开窗,铝合金,C1518框外围尺寸为1500mm×1800mm,一油粉三调和漆	100m²	0.11	1558.39	875.05	683.34	—	171.42
21	5-24	平开窗,铝合金,C2718框外围尺寸为2700mm×1800mm,一油粉三调和漆	100m²	1.12	1558.39	875.05	683.34	—	1745.40

续表

序号	定额编号	分项工程名称	计量单位	工程量	基价/元	其中			合计/元
						人工费/元	材料费/元	机械费/元	
22	5-2	铝塑门,M0921平开门外围尺寸为900mm×2100mm,一油粉三调和漆	100m²	0.43	2884.04	1556.17	1327.87	—	1240.14
23	5-2	铝塑门,M921,平开门外围尺寸为900mm×2100mm	100m²	0.36	2884.04	1556.17	1327.87	—	1038.25
24	5-179	外墙面、天棚混合砂浆抹面后喷涂料	100m²	3.39	9622.35	494.5	8961.13	166.72	32619.77
25	5-183	内墙墙面混合砂浆抹面后喷仿瓷涂料	100m²	14.69	291.91	165.55	126.36	—	4288.16
26	5-184	天棚混合砂浆抹面后喷仿瓷涂料	100m²	5.65	304.78	176.3	128.48	—	1722.01
合　计									257004.12